制冷设备制造安装与维修系列教材

# 走进制冷世界

主 编 赵金萍
副主编 王宾宾 杨 燕
编 者 赵金萍 王宾宾 杨 燕
　　　　杨 丽 赵 飞
主 审 徐立山

中国海洋大学出版社
·青岛·

图书在版编目(CIP)数据

走进制冷世界/赵金萍主编. —青岛:中国海洋大学出版社,2016.12
ISBN 978-7-5670-1210-3

Ⅰ.①走… Ⅱ.①赵… Ⅲ.①制冷装置－安装－中等专业学校－教材②制冷装置－维修－中等专业学校－教材 Ⅳ.①TB657

中国版本图书馆 CIP 数据核字(2017)第 011008 号

| | |
|---|---|
| 出版发行 | 中国海洋大学出版社 |
| 社　　址 | 青岛市香港东路 23 号　　邮政编码　266071 |
| 出 版 人 | 杨立敏 |
| 网　　址 | http://www.ouc-press.com |
| 电子信箱 | flyleap@126.com |
| 订购电话 | 0532－82032573(传真) |
| 责任编辑 | 张跃飞　　　　　　　　电　　话　0532－85901092 |
| 印　　制 | 日照报业印刷有限公司 |
| 版　　次 | 2017 年 5 月第 1 版 |
| 印　　次 | 2017 年 5 月第 1 次印刷 |
| 成品尺寸 | 185 mm×260 mm |
| 印　　张 | 8.5 |
| 字　　数 | 189 千 |
| 印　　数 | 1～1 000 |
| 定　　价 | 20.00 元 |

发现印装质量问题,请致电 0633－8221365,由印刷厂负责调换。

# 制冷设备制造安装与维修系列教材

## 编委会

主　编　王佐恺　徐立山
副主编　于　群　王达伟　吕长春　唐　婧
　　　　高　群　杨　丽　崔胜博
编　委　赵金萍　王宾宾　赵　飞　杨　燕
　　　　刘传昭　陈爱美

## 《走进制冷世界》编委会

主　编　赵金萍
副主编　王宾宾　杨　燕
编　者　赵金萍　王宾宾　杨　燕　杨　丽
　　　　赵　飞
主　审　徐立山

# 前 言

《走进制冷世界》全书分为5个单元,围绕制冷发展史、生活中的制冷、制冷基本操作技能、制冷维修良好操作以及制冷新工艺介绍,展开描述。

本书由青岛海洋技师学院赵金萍任主编,王宾宾、杨燕任副主编,徐立山任主审,参加编写的有杨丽、赵飞。本书在编写过程中得到了制冷专业教研室各位老师的大力支持,也得到青岛制冷企业的技术支持和帮助。他们提出了许多宝贵意见和建议,提供了大量的素材资料,使教材内容更加丰富、翔实。在此一并表示衷心的感谢!

由于编者水平和专业能力有限,书中难免有不足之处,敬请有关专家和读者批评指正。

编 者

# 目 录

**第一单元　制冷发展史** ································ (1)
　第一节　制冷方法介绍 ································ (1)
　第二节　家用制冷器具的发展 ·························· (4)
　第三节　商用制冷的发展史 ···························· (9)
　第四节　制冷剂的变迁 ································ (12)
　第五节　青岛制冷企业介绍 ···························· (17)

**第二单元　生活中的制冷** ···························· (21)
　第一节　"衣"中的制冷 ································ (21)
　第二节　"食"中的制冷 ································ (23)
　第三节　"住"中的制冷 ································ (26)
　第四节　"行"中的制冷 ································ (45)

**第三单元　制冷基本操作技能** ························ (53)
　第一节　割管与封管 ·································· (53)
　第二节　扩口与胀口 ·································· (55)
　第三节　弯管加工 ···································· (59)
　第四节　气焊技术 ···································· (62)
　第五节　万用表及其一般使用 ·························· (67)
　第六节　钳形表的使用 ································ (74)
　第七节　兆欧表的使用 ································ (77)
　第八节　检漏工具及其使用 ···························· (81)

**第四单元　制冷维修良好操作** ························ (85)
　第一节　国家政策法规 ································ (85)
　第二节　ODS制冷剂替代的趋势 ························· (102)

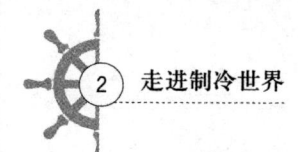

　　第三节　新型制冷剂介绍……………………………………………(106)
　　第四节　高压检漏设备的使用………………………………………(110)
　　第五节　制冷剂回收设备的使用……………………………………(113)
**第五单元　制冷新工艺介绍**……………………………………………(118)
　　第一节　洛克环连接…………………………………………………(118)
　　第二节　磁悬浮压缩机………………………………………………(124)

# 第一单元　制冷发展史

## 第一节　制冷方法介绍

### 学习目标

1. 了解制冷技术的概念；
2. 知道单级蒸气压缩式制冷系统的基本工作原理；
3. 了解吸收式制冷系统的基本工作原理。

### 知识平台

#### 一、制冷技术基础

（一）制冷技术

制冷技术是一种用人工方法取得低温的技术，即用人工的方法，通过一定的设备在一定的时间内使某一空间内物体的温度低于周围环境的温度，并维持这个低温的技术。

根据热力学第一定律，人工制冷是借助制冷装置，通过消耗一定的外界能量，迫使热量从温度相对较低的被冷却物体转移到温度相对较高的周围介质（水或空气），从而使被冷却物体的温度降低到所需要的温度，并保持这个低温的过程。

目前人工制冷的方法很多，常见的有蒸气压缩式制冷、吸收式制冷、热电制冷等。制冷的另一种途径是天然制冷。天然制冷利用的是天然冰、深井水和地道风等天然冷源。其能耗较少，但受地理条件的限制，使用范围较窄，因而在现代生产中很少被采用，而人工制冷则被广泛应用。

（二）物质的三种集态

物质有3种集态：固态、液态、气态。3种集态之间可以相互转换，如图1-1所示。制冷专业利用物体气态与液态的转换，来实现热量的传递。

1. 液体的汽化

物质由液态变为气态的过程称为汽化。汽化是一种吸热过程。汽化有蒸发和沸腾两种形式。

蒸发是指在液体表面发生的汽化过程。通常，温度越高、液面暴露面积越大，蒸发速率越快；溶液表面的压强越低，蒸发速率越快。

沸腾是指液体受热超过其饱和温度时，在液体内部和表面同时发生剧烈汽化的现象。不同液体的沸点不同。即使是同一液体,它的沸点也会随外界大气压强的改变而改变。

2. 气体的液化

由气体放热变为液体的过程,称为液化,亦称凝结。

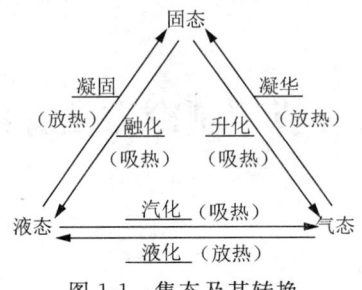

图 1-1　集态及其转换

## 二、单级蒸气压缩式制冷系统的工作原理

单级蒸气压缩式制冷系统由压缩机、冷凝器、节流阀和蒸发器组成;其基本工作原理如图 1-2 所示。

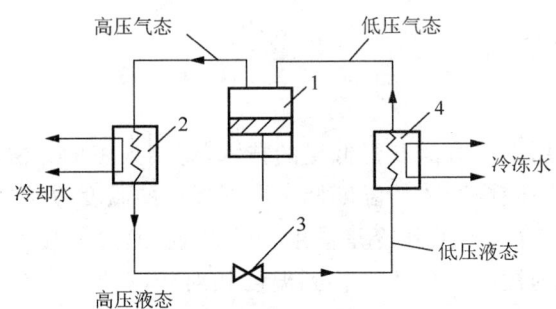

图 1-2　单级压缩制冷系统的基本工作原理
1—活塞式压缩机;2—冷凝器;3—节流阀;4—蒸发器

### (一) 单级蒸气压缩式制冷系统中各组成部件的功用

压缩机——抽吸制冷剂,维持蒸发器低温;压缩制冷剂,促进制冷剂循环。

冷凝器——使高压高温气态制冷剂放热冷凝成液态。

节流阀——节流降压制冷剂,制造蒸发器低温。

蒸发器——使低压低温液态制冷剂吸热汽化成气态。

### (二) 单级蒸气压缩式制冷系统的工作过程

其工作过程如下。制冷剂在蒸发压力下沸腾,蒸发温度低于被冷却物体或流体的温度。压缩机不断地抽吸蒸发器中产生的蒸气,并将它压缩到冷凝压力,然后送往冷凝器,在冷凝压力下,等压冷却和冷凝成液体。制冷剂冷却和冷凝时放出的热量传给冷却介质(通常是水或空气)与冷凝压力相对应的冷凝温度一定要高于冷却介质的温度,冷凝后的液体通过节流阀进入蒸发器。当制冷剂通过节流阀时,压力从冷凝压力降到蒸发压力,部分液体气化,剩余液体的温度降至蒸发温度,于是离开节流阀的制冷剂变成温度为蒸发温度的两相混合物。混合物中的液体在蒸发器中蒸发,从被冷却物体中吸取它所需要的气化潜热。混合物中的蒸气通常称为闪发蒸气,在它被压缩机重新吸入之前几乎不再起吸热作用。

### 三、吸收式制冷系统的基本工作原理

#### (一)组成部件的功用

吸收式制冷系统由发生器、冷凝器、蒸发器、泵和溶液热交换器等组成。图 1-3 为双筒式溴化锂吸收式制冷系统的示意图。

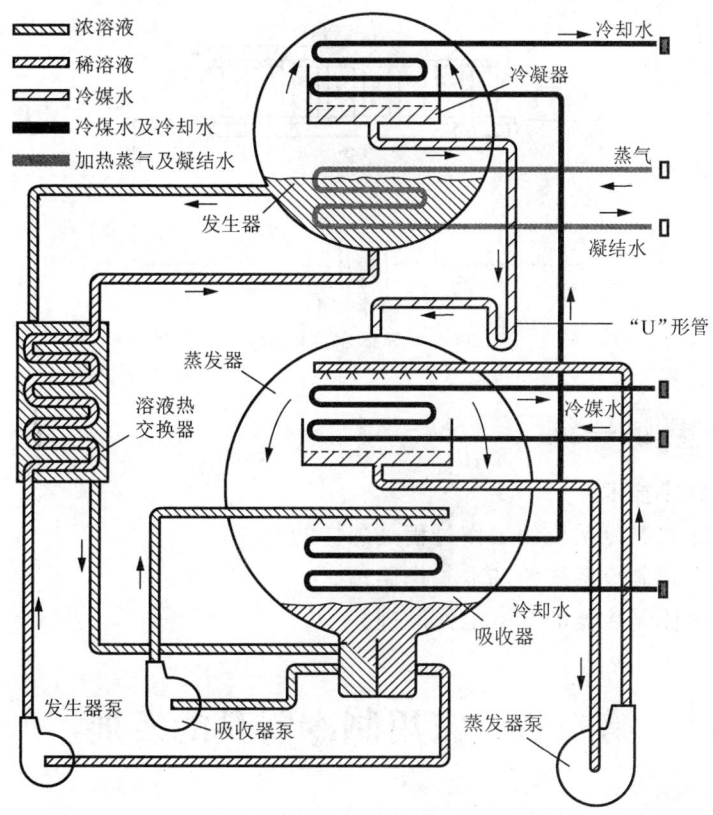

图 1-3 双筒式溴化锂吸收式制冷系统示意图

#### (二)吸收式制冷系统的工作过程

吸收式制冷系统的工作过程可分为以下两部分。

一是发生器中产生的冷剂蒸气在冷凝器中冷凝成冷剂水,经"U"形管进入蒸发器,在低压下蒸发,产生制冷效应。这些过程与蒸气压缩式制冷循环在冷凝器、节流阀和蒸发器中所产生的过程完全相同。

二是发生器中流出的浓溶液降压后进入吸收器,吸收由蒸发器产生的冷剂蒸气,形成稀溶液,用泵将稀溶液输送至发生器,重新加热,形成浓溶液。这些过程的作用相当

于蒸气压缩式制冷循环中压缩机所起的作用。

### 四、半导体制冷器的基本工作原理

半导体制冷器是由半导体所组成的一种冷却装置,也叫热电制冷。其理论基础为帕尔帖效应,即通上电源之后,冷端的热量被移到热端,导制冷端温度降低,热端温度升高。

如图 1-4 所示,半导体热电偶由 N 型半导体和 P 型半导体组成。N 型半导体有多余的电子,有负温差电势。P 型半导体电子不足,有正温差电势。当电子从 P 型半导体穿过结点至 N 型半导体时,结点的温度降低,电子能量必然增加,而且增加的能量相当于结点所消耗的能量。相反,当电子从 N 型半导体流至 P 型半导体时,结点的温度就会升高。

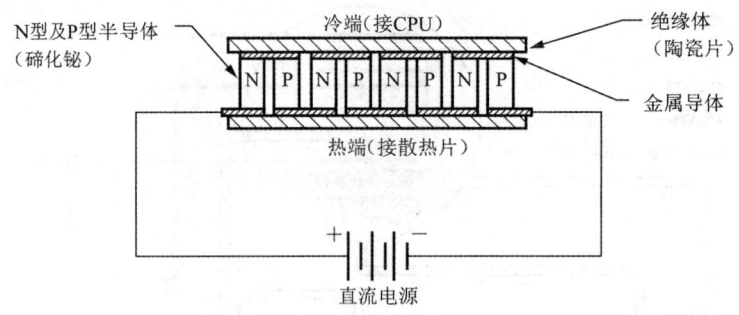

图 1-4　半导体制冷器示意图

1. 什么是制冷技术?
2. 蒸气压缩式制冷系统的工作过程是怎样的?
3. 简述吸收式制冷系统的基本工作原理。
4. 简述半导体制冷器的基本工作原理。

# 第二节　家用制冷器具的发展

1. 了解家用制冷器具的起源和生产的历史概况;
2. 了解家用制冷器具的发展趋势。

### 一、我国古代的冰箱

《诗经》中有奴隶们冬日凿冰储藏,供贵族们夏季饮用的记载。《周礼》记载"祭祀共冰鉴"。冰鉴其实就是个盒子,里头放冰,再将食物放在冰的中间,起到对食物防腐保鲜的作用。

由此可见,冰鉴是我国的冰箱之祖了。1978年,湖北省随县曾侯乙墓就出土了一件铜冰鉴(图1-5)。

铜冰鉴的四足是4只动感很强、稳健有力的龙首兽身的怪兽。怪兽的龙头向外伸张,兽身则以后肢蹬地作匍匐状。整个兽形看起来好像正在努力向上支撑铜冰鉴的全部重量。鉴身为方形,其四面、四角一共有8个龙耳,作拱曲攀伏状。这些龙的尾部都有小龙缠绕,还有两朵5瓣的小花点缀其上。

图1-5 曾侯乙墓出土的铜冰鉴

铜冰鉴是一件双层的器皿,方鉴内套有一方壶。夏季,鉴、壶壁之间装冰,壶内装酒,可使酒凉。可以说,铜冰鉴是迄今为止世界上最早的冰箱,是一个构思精巧、实用性与艺术性高度统一的青铜器物,也是迄今发现的部分采用失蜡法铸造的较早的典范作品。

## 二、冰箱的发展史

1820年,人工制冷试验首次获得成功。

1834年,雅各布·帕金斯发明了世界第一台压缩式制冷装置。

1855年,法国制成了世界上第一台吸收式制冷装置。

1879年,德国工程师卡尔·冯·林德制造出了第一台家用冰箱。

1910年,世界上第一台压缩式制冷的家用冰箱在美国问世。

1925年,瑞典丽都公司开发制造了家用吸收式冰箱。

1927年,美国通用电气公司研制成功全封闭式冰箱。

1930年,采用不同加热方式(煤气、电、煤油为热源)的空气冷却连续扩散吸收式冰箱投放市场。

1931年,新型制冷剂氟利昂12研制成功,并在工业上广泛使用。

1993年,德国福隆家用电器公司生产出世界第一台无氟冰箱。

## 三、电冰箱的发展趋势

### (一) 向大容量、多门、多温区方向发展

随着生活节奏的加快,人们已逐渐形成一次购买几天甚至一个星期所需的新鲜肉类、蔬菜的习惯,大容量、多门、多温区电冰箱的市场需求开始增长。

虽然双门电冰箱目前尚在批量生产,但将逐渐被三门、四门电冰箱所代替。箱门的增多可满足人们对增大电冰箱容量、增加温区和功能的需要;温区增多后可将食品按照其冷藏或冷冻温度分区储藏,从而提高电冰箱的使用价值。

带抽屉和超大容量冷冻箱的电冰箱的出现,满足了现代家庭对分类存储食品和增大冷冻箱容积的需要。

由冷藏箱和冷冻箱两部分组成的分体组合式电冰箱,也是市场上出现的新品种。如青岛海尔集团推出的双王子系列电冰箱就属此类。分体组合式电冰箱的使用很灵活,对冷藏箱和冷冻箱,既可垂直放置合二为一,又可并列放置,还可根据需要单独或同时使用。

### (二) 向智能化方向发展

新型电冰箱中已应用变频与模糊逻辑控制、箱外显温控温、电脑温控、自动除霜、自动解冻、自动制冰、自我诊断、功能切换以及深冷速冻等智能化技术。

### (三) 向多元化方向发展

我国地域广阔,南北气候差异较大,各地区发展不平衡,经济、文化、生活习惯有差异,加之企业的个性化发展与家电市场的细分,家用电冰箱将向多元化方向发展。只有针对不同地区、不同层次消费者的需求设计出多元化的产品,才能满足广大用户的不同需要。例如:在以北京为代表的北方地区,人们喜欢豪华气派的大冷冻室抽屉式电冰箱;在以上海为代表的华东沿海地区,人们喜欢精致美观的电冰箱;其他沿海地区的用户则注重电冰箱的营养保鲜功能,喜欢有冰温保鲜室、大果菜室,能自动除臭的无霜电冰箱。带变温功能的多门电冰箱(某一间室可用于速冻、局部冷冻、冰温保鲜、冷藏或作为果菜室,一室五用),可以较好地满足消费者不同的贮物需求。

### (四) 向隐形化方向发展

随着国民素质的不断提高,人们对电冰箱的外观造型设计提出了更高、更全面的要求,故设计人员设计时既要考虑到电冰箱本身的色彩和造型,又要考虑到电冰箱与家居环境的协调与配套。根据今后全国住宅设计的发展趋势,家用电冰箱将与厨房用具、家具相结合,可将电冰箱与家具组合摆放,也可将电冰箱嵌入墙壁或与厨具结合在一起等。因此,隐形化也是未来电冰箱发展的一个趋势。

### (五) 开发新型环保电冰箱

在美国,电冰箱生产主要用 R134a 作为制冷剂替代 R12,用 R141b 作为发泡剂替代 R11。而欧洲认为 R134a 和 R141b 并不能完全满足环保要求,其全球变暖潜能值(GWP)仍相当高。因此欧洲更倾向于用 R600a 替代 R12,用环烷烃替代 R11 的方案。

R600a 的环保性能最好,它无毒、无味,不会破坏大气臭氧层,也不会产生温室效应;其制冷性能优于 R12,可使压缩机的能耗减少 30%～40%。目前,人们已能将 R600a 的爆炸可能性控制在百万分之六以下,故其是相当理想的制冷剂。我国于 1991 年 6 月以发展中国家的身份加入《关于消耗臭氧层物质的蒙特利尔议定书》。目前,我国大部分电冰箱生产企业已经采用替代技术实现了批量生产,各种无公害的"双绿色"电冰箱已陆续投放市场。

目前,各国的科学家正竞相寻找从根本上解决 CFCs 制冷剂问题的途径,研开采用新型制冷原理和比较有前途的电冰箱技术,已开发出的新型环保电冰箱有吸收-扩散式电冰箱、半导体制冷电冰箱、太阳能制冷电冰箱、磁制冷电冰箱、网络化电冰箱等。

## 四、我国古代的空调

俗语有"小暑大暑,上蒸下煮"之说。炎热酷暑的夏日,很多人躲到空调房中避暑。在中国古代,尽管没有空调,但古人也有许多低碳、环保的纳凉避暑之所。比如先秦时期避暑纳凉的"窟室"、秦汉时期的"凉房"及皇家的"凉殿"、汉代"清凉殿"以及后来的"冰室""凉窖",这些都属于夏房。郑国大夫伯有是中国史上有名的"酒鬼"之一,他家就有一间窟室。《左传·襄公三十年》记载:"郑伯有耆酒,为窟室,而夜饮酒击钟焉,朝至未已。"当时,从中原的郑国,到南方的楚国、沿海的吴国,贵族们都喜欢在窟室中避暑,窟室也是家居的重要场所。吴国公子光,即后来的吴王阖闾,在公元前 515 年的夏天刺杀吴王僚时,便利用了家里的窟室。

先秦时的窟室不完全是利用地下冷源的地下室,也有人工冷源。当时,高级窟室内会放置冰块,以达到降温、调温的目的。公元前 552 年夏,楚国的令尹子庚去世后,合适的继任人选薳子冯回避楚康王任命时,便穿着棉袍、大衣躺到窟室内的床上,装病不去。大热天里,薳子冯为什么还能穿件大衣?原来,他在床下放置了冰块。

汉代的皇宫里,设有冬夏两用"空调房"。冬季用房叫"温调殿",夏季用房叫"清凉殿",清凉殿也叫"延清室",是皇家最高级避暑用房。从《汉书》记载来看,清凉殿的制冷效果极佳,称"清室则中夏含霜",意思是盛夏时室内能结霜,形容房间温度低得如下过霜一般。

唐代夏季带"空调"的建筑,不再叫汉代的"清凉殿",而称"含凉殿"。含凉殿为唐朝皇帝后妃的寝殿,北临太液池,傍水而建,夏天在里面居住十分凉爽。唐代诗人张仲索《宫中乐五首》(其三)中所谓"红果瑶池实,金盘露井冰。甘泉将避暑,台殿晓光凝"。所描述的就是"含凉殿"消夏的情景。含凉殿的制冷手段已很先进,是通过机械装置实现的。《唐语林·豪爽》记载,唐玄宗时,拾遗陈知节给唐玄宗上疏,唐玄宗请高力士找他来谈话。当时正是酷暑天,李隆基把"办公室"搬到了凉殿,以避暑。陈知节看到,"(唐玄宗)座后水激扇车,风猎衣襟"。进来后,陈知节被"赐坐石榻",感觉"阴溜沈吟,仰不见日,四隅积水成帘飞洒,座内含冻"。含凉殿之所以"含凉",原因有以下 3 点。一是在建筑设计上,含凉殿避免阳光照进来,所以显得很阴沉。二是当时已有"风扇"。当然,这不是用现代的电能,而是水能,用水来转动扇叶,"水激扇车",风扇对凉水吹,形成了冷气。三是殿内有循环冷水源,故四边有水往下淌,形成水帘。这是在宫殿的四檐装上水管,把水引到屋檐上。凉水在屋上循环,室内温度自然就下降了,而且降温效果极佳,达到"座内含冻"的制冷效果。这种"空调建筑",民用称为"自凉亭子",又称"雨亭"。

宋代宫中降温设计时尚,出现了带有机械原理的风扇。风扇用鼓风机带动的,"鼓以风轮"。风扇对着大厅里摆放的数百盆鲜花吹,"清芬满殿"。在御座两旁,"各设金盆数十架,积雪如山"。从这个记载来看,宋代的"空调房"除了基本的降温手段之外,还采取了空气净化手段吹香风,以改善"空调房"内的空气质量。这不能不说是空调技术史上的一大进步。明清时期,皇家宫殿的夏季降温方式也有自己的特色。最特别之处是,房间内出现了可移动式冷源,有点现代分体空调或冷风机的味道。这种可移动式冷源,时称"冰桶",现代人戏称为"冰箱",但叫"冰柜"或"冷柜"更准确。其实是贮放冰块的柜子。上面镂空,当冷气出孔;中部空间还可储存食物、冰镇西瓜、冷饮。冷桶后来民间也用上了,还有进口货,称为"洋桶"。冰桶系木质,其设计最早可追溯到商周时期的青铜器——冰鉴,冰鉴便是最原始的冰箱。冰桶现在看似很简单,但在明清时代可算是高档"家电"了。

老百姓夏天怎么避暑?民间用不了"风扇",用不起"进口空调",但有土办法。比较常见的,有像曹操当年在邺城建造大冷库"冰井台",挖深井采集冷气。即在厅内或是需要的房间挖一深井,上面用盖子盖妥,盖子上凿孔,夏天便有冷气从下面出来,而冬天则有暖气上来,保证厅堂温度相对稳定、宜人。在保存下来的明清古民居中,常能看到这种"土制空调"。如在安徽皖南古民居中,大户人家的厅室里就有这样的"空调井"。而且其妙处多多,除了可以给房间降温,还可作为地下"冰箱",将食品放进井内保鲜、冷藏。最后要说的是,古代无论贵贱,通常的夏季降温用具是扇子,即便住在"空调房",也会摇扇子。遗憾的是,如今扇子似乎已离我们的生活越来越远了。

## 五、世界空调发展史

1902年,美国人威利斯·开利博士(图1-6)发明第一套科学的空调系统。

1911年,开利发表温湿度基本原理,后来体现为"湿空气焓湿图",为今日所有空调计算之基础。

1913年,美国人詹姆斯·特灵与儿子鲁本·特点共同成立特灵公司,生产新型的低压蒸气式暖气机。

1922年,美国开利公司研制出世界上第一台离心式冷水机组,如今陈列于美国华盛顿国立博物馆。

1931年,特灵公司开发完成全球第一台冷水循环机。

1938年,特灵推出革命性新产品-封闭式三级离心式冷冻机(Turbovac Product),在肯塔基州的列克星顿生产中央系统空调箱。

图1-6 开利博士

1939年,开利公司发明第一套空调诱导器系统,使得高楼大厦的空调应用发展得以突破。

1945年,开利公司生产出世界上第一台溴化锂吸收式制冷机(图1-7)。

图1-7 第一台溴化锂吸收式制冷机

### 六、家用空调器的发展趋势

从环保角度来看,无氟变频空调的普及势在必行。无氟技术在冰箱领域已经成熟,当下正延伸至变频空调领域。进入2010年,为贯彻执行国家空调"禁氟令",海尔、美的、海信等空调企业相继发力,纷纷推出各自的无氟变频空调产品,拉开了无氟环保新冷媒空调普及的大幕。无氟变频空调,顾名思义就是无氟且能变频的空调。无氟即没有氟利昂,有助于环境保护;变频是指通过对电流的转换来实现电动机运转频率的自动调节,以达到节约能耗的目的。

新型变频空调机的研制成功,标志着我国正从空调大国向空调强国迈进。但是我国空调企业在传统产品技术改造和升级方面,还有不少课题要做;在空调制冷的前沿研究方面,更有不少新原理、新课程和新方法等待着去探索。

**想一想 练一练**

1. 什么是"双绿色"电冰箱?其环保作用从何体现?
2. 电冰箱的发展趋势是什么?
3. 空调器的作用是什么?

## 第三节 商用制冷的发展史

**学习目标**

1. 了解中央空调发展情况;
2. 了解冷库的发展情况。

## 知识平台

### 一、中央空调发展史

1952年,开利公司研制第一套用于家庭的中央空调系统。

1955年,开利公司研制第一台完全以系统压力控制的自力式变风量送风机,首先倡导节约能源。

1962年,美国麦克维尔公司首先研制出正压冷水机组。

1972年,日立生产出世界上首台双螺杆制冷压缩机。同年,开始生产螺杆式冷冻机。

1975年,麦克维尔公司首先推出超过110冷吨风冷活塞机。

1981年,特灵开发出新型的高效三级压缩冷水机。

1982年,开利公司推出第一台用于商业、采用太空金属钛传热管的离心式冷水机组,完全克服了管道遭受腐蚀的难题。同年,日本大金公司生产出世界上第一台VRV,开创了楼宇用中央空调新时代。

1985年,开利公司发明了一种电子膨胀阀,改善了冷水机组性能,调节精确,减少了不必要的过热度,提高部分负荷效率。

1985年,大金公司研制出变频VRV系统,VRV在世界掀起变频浪潮。

1992年,麦克维尔公司荣获美国环保局同温臭氧层保护奖。

1994年,开利公司成为唯一在离心式冷水机组中应用膨胀透平技术代替常规节流的制造商。应用膨胀透平技术,既消除节流损失,也回收机械功,大大降低机组耗电量。此项发明取得专利,并获得当年美国能源部环保节能奖。

1995年,大金公司研制出大容量VRV系统。

1996年,开利公司推出完全采用无氯环境领先制冷剂HFC-134a的30HXC水冷螺杆机组和30GX风冷螺杆机组。

2002年,麦克维尔公司推出世界上第一台采用磁悬浮技术的离心式冷水机组。

2005年,开利公司全球同步上市首台使用环境领先制冷剂HFC-410a的杰作——30RB/RQ大型涡旋式风冷产品的技术研究和新产品的开发。

2005年,麦克维尔公司推出业界IPLV值最高的数码多联机MDS机组。

2006年,开利公司全球同步上市拥有杰出能效表现,使用环境领先制冷剂HFC-134a的"雷霆"30XA螺杆式风冷冷水机组。该产品获得了由中国建设部中国建筑文化中心颁发的"2006年中国建筑节能空调产品金奖"。

2008年,大金公司研制出二级压缩VRV系统。

2008年,麦克维尔推出业界能效比最高的水冷涡旋模块机组。

2009年,开利公司推出30XW水冷螺杆机组,冷量范围达133~500冷吨。该机组全线产品均达到了中国国家能效等级一级和二级,与之前的同类产品相比节能20%。

2010年,开利公司推出23XRV。这是世界上第一款变频水冷螺杆机组,结合了极高能效和可靠性的三转子螺杆压缩机与节能显著的变频驱动器(VFD)。机组能效居于全球领先水平,所有型号满负荷效率高于中国能效等级的一级。同年,大金公司研制出水源热泵 VRV 系统。

2010 年,麦克维尔公司推出世界首创"非对称"卸载单螺杆技术应用的风冷螺杆冷热水机组。

2011 年,大金公司研制出全变频 VRV 系统。

### 三、冷库的发展史

冷库(图 1-8)制冷就是采用一定的方法,在一定的时间内,使某一物体或空间达到比周围环境介质更低的温度,并维持在特定的范围内。这里所谓的特定是指环境的介质,就是指自然中的空气和水分。为了使某一物体或空间达到一定的低温,必须采用一定的方法,不间断的取出特定空间里的热量,并把它传送到另一个介质中去。这取出和传送的过程,也就是一个制冷的过程。当然,制冷分为天然制冷和人工制冷。显而易见,如今人工制冷的发展也愈加明朗化。有很多相关历史文献记载了,古代的人们在人工制冷方面就有自己独特的造诣,说明了我国制冷历史的悠久。

中国北方的冰窖是冷库的初级阶段。北京的雪池冰窖(图 1-9)相传建于明代,至今已沿用四五百年。19 世纪中叶,世界上第一台机械制冷装置问世,利用人工制冷设备控制低温取得成功。从此,冷库建筑在许多国家迅速发展。农畜产品从收获、加工到商品出售的各个环节全部实现了冷藏。中国建造现代冷库始于 20 世纪初。各大中城市已有相当数量的冷库,且其容量不断增大。此外,由于气调贮藏技术的发展,还出现了气调冷库。能创造低压、高湿环境的减压冷库,也正在研究设计中。

图 1-8　冷库　　　　　　　　　　图 1-9　北京雪池冰窖

我国冷库从 1955 年开始建造第一座贮藏肉制品冷库。1968 年,建成第一座贮藏水果冷库。1978 年,建成第一座气调库。1995 年,首次引进组合式气调库先进工艺。经过多年发展,目前,我国已经形成了超低温库、冷冻库、冷藏库、气调库(图 1-10)等主要冷库类型。

超低温库:主要用来储藏保管温度需低于 −20 ℃ 的货物,如部分冻肉、冻鱼、冻海产品、冷冻调理食品及冰激凌,保证货物在超低温条件下质变速度最小,增长保存期限。

冷冻库：主要用来储藏保管温度介于－2 ℃～20 ℃之间的货物，如部分冻畜肉、冻家禽肉、熏制品、奶油等，保证货物在该温度范围内保持最佳鲜度、营养及食用品质。

冷藏库：主要用来储藏保管温度介于2 ℃～10 ℃之间的货物，如鲜鱼、奶油、奶制品、酒类、蛋品、火腿等。保持货物在该温度范围内口感、营养价值最佳。

气调库：利用人工制冷制造低温环境和调节气体介质成分的方法，抑制果蔬生理活动，达到延长储存时间、保持果蔬新鲜程度和延长果蔬销售货架期的目的。

图1-10　气调库

### 想一想 练一练

1. 中国空调的发展主要经历了那几个阶段？
2. 冷库现阶段发展的趋势是什么？

## 第四节　制冷剂的变迁

### 学习目标

1. 掌握制冷剂的种类；
2. 熟悉环保型制冷剂的要求。

### 知识平台

#### 一、制冷剂的发展主要阶段

制冷剂(图1-11)主要经历了最古老简单的制冷剂冰、深井水等天然冷源。第一代制冷剂为空气、二氧化碳、乙醚等作为压缩式制冷机的制冷剂。第二代制冷剂以1872年英籍美国人波义耳发明的以氨为制冷剂作为代表。第三代制冷剂从20世纪30年代，以美国杜邦公司研发的氟利昂系列制冷剂为代表。直到20世纪70年代发现由于大量使用氟利昂（氯氟烃、CFCs）致使大气中的臭氧层被破坏，从而导致地球上的生物遭受紫外线的损坏，同时造成温室效应。目前，多数企业已采用R600a等更环保的制冷剂。

图1-11 制冷剂

## 二、制冷剂的主要性质

制冷剂的主要性质如下。

（1）具有优良的热力学特性，以便能在给定的温度区域内运行时有较高的循环效率。具体要求：临界温度高于冷凝温度、与冷凝温度对应的饱和压力不要太高、标准沸点较低、流体比热容小、绝热指数低、单位容积制热量较大等。

（2）具有优良的热物理性能。具体要求：较高的传热系数、较低的黏度及较小的密度。

（3）具有良好的化学稳定性。要求工质在高温下具有良好的化学稳定性，保证在最高工作温度下工质不发生分解。

（4）与润滑油有良好互溶性。

（5）安全性。要求工质应无毒、无刺激性、无燃烧性及爆炸性。

（6）有良好的电气绝缘性。

（7）经济性。要求工质低廉，易于获得。

（8）环保性。要求工质的臭氧消耗潜能值（ODP）与全球变暖潜能值（GWP）尽可能小，以减小对大气臭氧层的破坏及引起全球气候变暖。

## 三、制冷剂的命名

### （一）无机化合物

无机化合物的简写符号规定为R7()。括号代表一组数字，这组数字是该无机物分子量的整数部分。

## （二）卤代烃和烷烃类

烷烃类化合物的分子通式为 $C_mH_{2m+2}$；卤代烃的分子通式为 $C_mH_nF_xCl_yBr_z(2m+2=n+x+y+z)$，它们的简写符号规定为 R$(m-1)(n+1)(x)$B$(z)$。

## （三）非共沸混合制冷剂

非共沸混合制冷剂的简写符号为 R4( )。括号代表一组数字，这组数字为该制冷剂命名的先后顺序号，从 00 开始。

## （四）共沸混合制冷剂

共沸混合制冷剂的简写符号为 R5( )。括号代表一组数字，这组数字为该制冷剂命名的先后顺序号，从 00 开始。

## （五）环烷烃、链烯烃以及它们的卤代物

写符号规定：环烷烃及环烷烃的卤代物用字母"RC"开头，链烯烃及链烯烃的卤代物用字母"R1"开头。

## 四、氟利昂制冷剂

氟利昂制冷剂大致分为 4 类。

（1）氯氟烃类，简称 CFCs，主要包括 R11、R12、R113、R114、R115、R500、R502 等。由于对臭氧层的破坏作用，被《蒙特利尔议定书》列为一类受控物质。

（2）氢氯氟烃类，简称 HCFCs，主要包括 R22、R123、R141b、R142b 等。臭氧层破坏系数仅仅是 R11 的百分之几，因此，目前 HCFC 类物质被视为 CFC 类物质的最重要的过渡性替代物质。在《蒙特利尔议定书》中，R22 被限定 2020 年淘汰，R123 被限定 2030 年。

（3）氢氟烃类，简称 HFCs，主要包括 R134a（R12 的替代制冷剂）、R125、R32、R407c、R410a（R22 的替代制冷剂）、R152 等，臭氧层破坏系数为 0，但是气候变暖潜能值很高。在《蒙特利尔议定书》中，没有规定其使用期限。在《京都议定书》中，定性为温室气体。

（4）混合制冷剂。

## 五、制冷剂对环境的影响

1985 年 2 月，英国南极考察队队长法曼（J. Farman）首次报道，从 1977 年起就发现南极洲上空的臭氧总量在每年 9 月下旬开始迅速减少一半左右，形成"臭氧空洞"持续到 11 月逐渐恢复，引起世界性的震惊。

氯原子和一氧化氮（NO）都能与臭氧反应，正在世界大量生产和使用的 CFCs 制冷剂，由于其化学稳定性好（如 CFC-12 在大气中寿命为 120 年），不易在对流层分解，通过大气环流进入臭氧层所在的平流层，在短波紫外线 UV-C 的照射下，分解出 Cl·自由基，参与了对臭氧的消耗。

归纳起来,要使臭氧发生消耗,这种物质必须具备两个特征:含氯、溴或另一种相似的原子参与臭氧变氧的化学反应;在低层大气中必须十分稳定(也就是具有足够长的大气寿命),使其能够达到臭氧层。氢氯氟烃制冷剂 HCF-22 和 HCFC-123,都有一个氯原子,能消耗臭氧,其大气寿命分别为 12.1 年和 14 年,且氯原子相对活泼,能在低层大气中发生分解,到达臭氧层的数量就不多。因此 HCFC-22 和 HCFC-123 破坏臭氧的能力比 CFCs 小得多。

消耗臭氧层物质(Ozone depleting substances,简称 ODS)指释放到大气中的氟氯化碳等类物质,在进入大气平流层后,在太阳紫外线作用下,与臭氧发生作用,臭氧分子被分解为普通的氧分子和一氧化氯,从而降低大气臭氧浓度。包括全氟氯代烷烃(4 个碳原子以下)、溴氟烷(卤代烷)、四氯化碳、甲基氯仿、部分含氢氯氟烷(HCFCs)、含氢溴氟烷(HBFCs)和溴甲烷等。

不同的 ODS 对臭氧层的损耗能力是不同的。当它们逸入大气,由低空(对流层)逐渐向高空(平流层)扩散时,一些全氯氟烃,在对流层不发生变化,但在平流层,受到短波紫外线辐射而发生分解,由此引发了破坏臭氧层的反应。而一些含氢的氯氟烃,在对流层已与大气中富含的 HO·自由基发生分解反应。它们在大气平流层中存在的寿命不长,所以能够扩散到臭氧层的数量较少,对臭氧层破坏能力也大为减小。为了表示与比较它们对臭氧的能力,采用了臭氧耗减潜能值(英文名称为 Ozone depletion potential,简称 $ODP$)的概念。以 CFC-11 为基准比较物,设定其 $ODP$ 值为 1。其他物质的 $ODP$ 值按损耗臭氧能力比 CFC-11 大或小的分数值表示。

ODS 在大气中都会产生温室效应,使地表和近地面大气温度增高,造成全球气候变暖的环境问题。为了表示和比较各种 ODS 气体对气候变暖的能力大小引用了全球变暖的潜能值(Global Warming Potential,简称 $GWP$)的概念。以 $CO_2$ 为基准比较,其他 ODS 的 $GWP$ 按其导致全球变暖的能力比 $CO_2$ 大或小的分数值表示主要 ODS 气体在大气中的寿命、$ODP$、$GWP$ 如表 1-1 所示。

表 1-1　主要 ODS 气体在大气中的寿命、$ODP$、$GWP$

| 代号 | 在大气中的寿命(年) | $ODP$ | $GWP$ |
| --- | --- | --- | --- |
| CFC-11 | 60 | 1 | 3 400 |
| CFC-12 | 120 | 1 | 7 100 |
| CFC-113 | 90 | 0.8 | 4 500 |
| CFC-114 | 200 | 0.7 | 7 000 |
| CFC-115 | 400 | 0.4 | 7 000 |
| HFC-134a | 16 | 0 | 1 200 |
| HFC-152a | 2 | 0 | 150 |

## 六、制冷剂的发展趋势

目前,制冷剂可以分为人工合成和天然两大类。新型制冷剂的发展方向将是近自然工质和直接采用自然工质。如今,评价新型环保制冷剂的标准如下。

(1) 基本构成元素为 H、C、N、O、F、S、Br,不能含 Cl。

(2) 对地球环境的影响较小,以零值 $ODP$ 和低 $GWP$(150 以下)为主要标准。

(3) 安全性较好,可燃性和毒性较小。

(4) 用于系统的性能较高。

(5) 与润滑油的相溶性好。

(6) 性能稳定。

(7) 与现有制冷系统的适应性好。

(8) 生产成本较低。

(9) 与各种法规的不冲突性等。

人工合成的制冷剂包括氢氟烃、氯氟烃、氢氯氟烃三大类。国际已明文规定了氯氟烃和氢氯氟烃的淘汰计划,而氢氟烃也由于温室效应受到使用限制。

对于新型制冷剂的研究,首先考虑的应当是他的环境友好性,这就取决于制冷剂的 $ODP$ 及 $GWP$ 值的大小了。由于汽车空调所用的压缩机是开式系统,原来大量使用的 R12 和后来的替代物 R134a 都因大量泄漏对环境造成污染。《京都议定书》要求汽车空调用制冷剂必须要有关键性的发展。欧盟对此政策采取了积极的响应,到 2017 年,将禁止所有汽车空调使用 $GWP$ 值大于 150 的制冷剂。对于欧洲国家,研究新型制冷剂并尽快完成替代是其制冷行业的首要任务。现今霍尼韦尔和杜邦两大国际化学公司联手研发工质 R1234yf,制冷剂代号为 HFO-1234yf。据报告显示,该种新型制冷剂的热物理性质与 R134a 近似,但 R1234yf 具有微燃性,还有很多技术和安全等指标有待于进一步的测试结果报告。如果新型制冷剂 R1234yf 能够研发成功,在欧美、日本等发达国家,R1234yf 的应用将成为制冷剂中的主流,将直接替代空调汽车中的 R134a。

在新型合成的人工制冷剂中,近自然工质或自然工质将是未来替代制冷剂的发展主流。将现有的制冷量及 $COP$ 较理想的制冷剂(如 R134a)进行进一步整合减小其 $ODP$ 及 $GWP$,并使其能最大限度地被大自然降解吸收,必将成为未来制冷剂发展的终极目标。

1. 传统的制冷剂主要哪几种?
2. 符合环保要求的制冷剂有哪几种?

# 第五节　青岛制冷企业介绍

了解一下青岛境内的主要制冷企业概况。

## 一、海尔集团

海尔集团是全球领先的整套家电解决方案提供商和虚实融合通路商，1984年成立于青岛。

创业以来，海尔坚持以用户需求为中心的创新体系驱动企业持续健康发展，从一家资不抵债、濒临倒闭的集体小厂发展成为全球最大的家用电器制造商之一。截至2016年6月，海尔已在全球拥有10大研发基地（其中海外8个）、7个工业园、24个制造工厂、24个贸易公司。2016年8月，海尔集团在"2016中国企业500强"中排名第84位

1993年，海尔品牌成为首批中国驰名商标。随后，海尔品牌旗下冰箱、空调、洗衣机、电视机、热水器、电脑、手机、家居集成等19个产品被评为中国名牌。其中，海尔冰箱、洗衣机还被国家质检总局评为首批中国世界名牌。目前，海尔在全球布局七大品牌：海尔、卡萨帝、日日顺、AQUA、斐雪派克、统帅、GEA。从不同领域持续满足用户的最佳体验。2016年6月22日，2016年度"中国500最具价值品牌"榜单正式揭晓。海尔集团品牌价值列品牌榜第五位，排名同比提升3位，连续13年蝉联家电行业第一品牌。

截至2016年11月，海尔集团拥有11项国家科技进步奖、1.6万余件专利、66个国际标准专家席位，并主导制定国家标准122项、国际标准43项……海尔"防电墙"技术正式成为电热水器新国家标准，海尔空调牵头制定"家用和类似用途空调安装规范"。在国际上，海尔热水器"防电墙"技术、海尔洗衣机双动力技术等六项技术还被纳入IEC国际标准提案，这证明海尔的创新能力已达世界级水平。在创新实践中，海尔探索实施的"OEC"管理模式、"市场链"管理及"人单合一"发展模式均引起国际管理界高度关注，目前，已有美国哈佛大学、南加州大学，瑞士IMD国际管理学院，法国的欧洲管理学院，日本神户大学等商学院专门对此进行案例研究，海尔"市场链"管理还被纳入欧盟案例库。海尔"人单合一"发展模式为解决全球商业的库存和逾期应收提供创新思维，被国际管理界誉为"号准全球商业脉搏"的管理模式。

海尔集团的前身是青岛电冰箱总厂。1985年，海尔创业刚起步时，从德国利勃海尔公司引进先进电冰箱生产技术和设备，生产出亚洲第一代"四星级"电冰箱。1988年，海尔冰箱夺得了中国电冰箱史上的第一枚质量金牌。目前，海尔集团成为年生产能力超

过1000万台的冰箱、冷柜生产企业,是全球最大、最先进的冰箱制造商之一。

1985年,中国第一台分体式空调在海尔空调诞生。1993年,中国第一台变频空调在海尔问世。1999年,海尔空调成功研发出中国第一台无氟变频空调,引领中国空调行业进入无氟变频时代。2005年,全球第一台直流高效双新风变频空调在海尔诞生。2006年,中国第一台磁悬浮变频离心机在海尔面世,实现节能50%。2013年6月,世界影响力组织发布的全球家电市场调查研究指数将海尔空调列入"世界名牌"行列,海尔空调成为国内唯一被该组织认定为"世界名牌产品"的空调品牌。

## 二、海信集团

海信集团是特大型电子信息产业集团公司,成立于1969年。海信坚持"技术立企、稳健经营"的发展战略,以优化产业结构为基础、技术创新为动力、资本运营为杠杆,持续健康发展。

海信集团同时持有海信(Hisense)、科龙(Kelon)和容声(Ronshen)3个中国驰名商标。海信电视、海信空调、海信冰箱、海信手机、科龙空调、容声冰箱全部当选中国名牌。海信电视、海信空调、海信冰箱全部被评为国家免检产品。

进入21世纪,海信以强大的研发实力为后盾,以优秀的国际化经营管理团队为支撑,加快了产业扩张的速度,形成了多媒体、家电、通信、IT智能系统、现代家居和服务等产业版块。

1997年,海信变频空调上市,被中国消费者协会授予行业唯一"零投诉"空调品牌;1998年,海信名列中国电子百强企业中第七位。1999年2月,"海信"获得中国驰名商标。2001年4月,海信电视、空调、计算机成为免检产品,荣获免检证书。2001年6月,海信凭借在数字领域的先进的科研技术成功推出数字冰箱。2001年9月,海信电视荣获"国家质量奖",海信电视、海信空调、海信计算机成为首届中国名牌。2002年4月25日,第180万套海信变频空调下线。2002年5月,控股北京雪花冰箱厂,海信建立了完备的冰箱生产基地。2002年5月,海信电视、空调、手机、冰箱首批通过"CCC"权威认证。2002年7月30日,海信住友组建合资公司,拓宽海外市场渠道。2002年8月15日,"三园一厦"大工业格局全面形成。2002年11月18日,海信、日立携手进军商用空调。2002年11月27日,赛维首开家电业剥离售后服务先河,成为中国第一家专业品牌服务商。2002年12月18日,海信推出变频空调新标识——"变频码"。2008年,海信集团实现销售收入489亿元,在中国电子信息百强企业中名列前茅。2016年8月,海信集团在"2016中国企业500强"中排名第153位。

海信是国家首批创新型企业,国家创新体系企业研发中心试点单位,国务院国资委和中宣部共同推举的全国十大国企典型,全国唯一一家两获"全国质量奖"的企业,拥有国家级企业技术中心、国家级博士后科研工作站、国家"863"成果产业化基地、国家火炬计划软件产业基地、数字多媒体技术国家重点实验室。海信在青岛、深圳、顺德、美国亚特兰大、德国杜塞尔多夫等建有研发机构,初步确立全球研发体系。科学高效的技术创新体系,使海信的技术创新工作始终走在国内同行的前列。

目前，海信在南非、埃及、阿尔及利亚等地拥有生产基地，在全球设有15个海外分支机构，产品远销130多个国家和地区。发展至今，"海信"已经成为一种象征，象征着科技创新时代、环保低碳时代、简约生活时代。

### 三、青岛三维制冷空调有限公司

青岛三维制冷空调有限公司成立于1999年，其前身系青岛大学制冷空调研究所，是集工贸于一体的高新技术企业。

目前，青岛三维制冷空调有限公司是青岛海尔集团紧密型配套联营企业、青岛海信集团长期合作伙伴，主要开展制冷空调设备的开发制造、冷库空调工程安装以及非标制冷设备生产等业务。公司拥有高素质专业设计人员及工程安装队伍，技术力量雄厚。公司拥有严密的组织结构、精细化的人员分工、严格的管理制度、完善的质量保证体系。同时，公司拥有多项成熟的技术，如一拖多技术、高效换热与强化换热技术、制冷机节能控制、并联机组技术、精密温湿控制及低噪音技术等。

青岛三维制冷空调有限公司可根据不同用户的具体要求进行个性化设计，弥补了大集团公司只能进行标准化大批量模式化的不足。近年来，公司成功地完成了若干冷冻库、冷藏库、空调工程的安装及非标设备的研制开发，均得到用户的高度评价。

青岛三维制冷空调有限公司一直坚持以科技创新带动产业化发展的经营模式，走"高起点、高标准、高效率"的发展之路。

### 四、青岛奥利凯中央空调有限公司

青岛奥利凯中央空调有限公司是由澳柯玛中央空调改制，与德国奥利凯合作，成立的一家集中央空调研发、生产、销售、安装、服务为一体的高新技术企业。

青岛奥利凯中央空调有限公司秉承澳柯玛中央空调十几年的专业研发、生产和销售团队，拥有先进的暖通行业技术、高智能实验室和行业一流的生产设备，融合德国技术，优化与整合产品结构，研制了模块式风冷冷（热）水机组、水（地）源热泵机组、水冷螺杆机组、组合式空调机组、风机盘管机组、空气处理机组等六大系列百余种型号的中央空调产品，可广泛适用于几十万平方米到几十平方米的大、中、小型商用及家用空间。

### 五、青岛绿环工业设备有限公司

青岛绿环工业设备有限公司是冷媒回收、加注技术研发和生产的高新技术企业，是国家制冷行业骨干企业。公司始终坚持"绿色科技造就环保未来"的理念，旨在为客户提供领先国际市场的优质产品，最大限度地满足客户的需求。

公司拥有一支年轻、活泼、富有激情与创新力的战斗团队，主要人员均有多年相关行业的从业经历，致力于冷媒加注机、冷媒回收机、冷媒检漏仪、电动加油泵等制冷工具设备的配套及制冷工具的研发、生产、销售、服务，为约克、开利、特灵、麦克维尔等知名空调、冷柜制冷厂家提供工具配套服务。

长期以来，公司全心致力于为客户提供可靠的、高性价比的冷媒设备解决方案，提供从生产、工程到服务的全方位的服务设备。特别是在各种各样的制冷剂回收加注领域，公司有着竞争对手无可比拟的技术优势和丰富的现场经验。

公司目前拥有完善的管理体系、质量保证体系和客户服务体系，成为为客户提供最优产品和服务、与合作伙伴实现共赢、共同成长的重要保证。

## 六、TCL 家用电器（青岛）有限公司

TCL 家用电器（青岛）有限公司地理位置优越，距青岛流亭国际机场 15 km，距全国最大的集装箱港口——青岛港不到 30 km，周围被胶州湾高速、青银高速、济青高速、青威一级路、青烟一级路环绕，交通十分便捷。公司创建于 2004 年 11 月，是 TCL 集团白家电事业部第一个自己的家用电冰箱、电冰柜生产及出口基地。公司投资 2.7 亿元人民币组建，占地面积 370 亩，拥有员工约 500 人，具备年产电冰箱、电冰柜共 100 万台的生产能力。公司装备有国际先进水平的冰箱生产设备和各种计量、理化、检验、试验手段，主要生产具有高效节能、绿色环保、品种齐全的"TCL"牌无氟电冰箱、冷柜系列产品。

利用业余时间走访，看看青岛还有哪些制冷相关企业。它们的现状如何，规模怎样？各自有何特点？然后写一个调研报告。

# 第二单元　生活中的制冷

## 第一节　"衣"中的制冷

**学习目标**

了解空调衣的原理。

### 一、人体空调衣

人体空调衣(图2-1)能够在热的环境中为使用者提供连续的冷却。穿上人体空调衣,能够全方位移动。人体空调衣可以穿在焊接、皮革或防护服装的里面,冷却和加热入口温度分别为－16 ℃和16 ℃。人体空调衣可用于铸造厂、锅炉车间、油漆烘烤操作、粉末喷涂、玻璃厂、冷库、电厂、冶炼厂、锻造车间、石棉清除、焊接操作、有害废料清除等。

图2-1　人体空调衣

人体空调衣的特点及优势如下。
(1) 使用经过过滤的压缩空气。
(2) 输送连续冷却的空气。
(3) 温度调整简便易行。
(4) 环境温度规定:有防护外衣时,94 ℃;没有防护外衣时,55 ℃。
(5) 没有移动部分,特别可靠。
(6) 人体空调衣可以穿在防护外衣的里面。

(7) 人体空调衣衣领打开,可向脖子和脸输送温和的气流。

(8) 人体空调衣允许全方位移动,没有气流限制。

(9) 根据个人情况,可选用不同型号的人体空调衣。

借着腰后的两个 10 cm 小电扇,这种衬衫可以从外面抽风进来,带走汗水,让人感觉清爽干净。空调衣可以通过 USB 接口为其提供动力,也可以用电池来提供动力。人体空调衣,采用经过过滤的压缩空气,以涡流管技术来确保使用者在极热区域能够舒适地工作。人体空调衣是在空气背心中通入均匀分布的冷气,使使用者的上身处于舒适的温度。

太阳能空调衣(图 2-2)是一种新型的人体空调衣。它利用太阳能使在背部皮带上的单人降温设施将腰部的风往上抽调,然后从后领口排出。太阳能空调衣的主要特点在于它的便携与美观。独特的涡轮式送风装置,能够实现"横向吸风、垂直送风"的特殊功能。

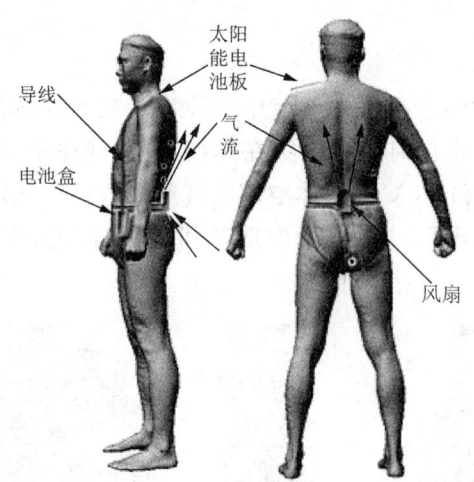

图 2-2 太阳能空调衣

在不久的将来,太阳能空调衣有望投入批量生产,可为户外工作人员带来夏日的清凉。

## 二、空调帽

北方的天气四季分明,夏天炎热,冬季寒冷,给人们的工作、学习和生活带来了许多不便。为了使人们夏季凉爽不中暑、冬天温暖不感冒,有人发明了空调帽。下面就对空调帽做简要介绍。

### (一)空调帽的用料及其制作方法

1. 材料

(1) 特制长舌帽 1 顶,内为双层,外观与普通长舌帽一致。

(2) 塑料小叶片 3 片,统一尺寸为长 2 cm、宽 1 cm。

(3) 小电动机 1 台,大小尺寸长、宽、高均为 1.5 cm 左右。

(4) 纽扣电池 2 颗,太阳能板 1 块(长 15 cm,宽 5 cm)。

(5) 铜线 20 cm,直径 0.5 cm 的橡胶软管 30 cm。

(6) 触摸式开关、温度调节按钮和冷媒压缩机各 1 个。

2. 制作工具

剪刀、直尺、螺丝刀、万能胶水、电烙铁等。

3. 制作方法

首先将塑料叶片 3 片组成小电扇叶片,与小电动机连接。然后将扣式电池、触摸式开关、温度调节按钮与电动机、冷媒压缩机连接;小电扇出风口与橡胶软管(每厘米有两个小开口)连接,再将它们安装在长舌帽夹层内。最后将太阳能板安装在帽舌上面,用铜线连接到电机和开关上。这样一切做好后,科技空调帽就制作好了。

(二) 空调帽的主要功能特点

(1) 天气炎热时,人们出门戴在头上,通过按触摸开关来调节风扇转速,控制进入橡胶软管内给头皮送凉风的量,调节头部温度,起到遮阳、降温、避暑和醒脑的作用。

(2) 天气寒冷时,人们出门戴在头上,通过按触摸开关来调节风扇转速,控制进入橡胶软管内给头两侧耳朵上方送热风的量,起到保暖,防止耳朵冻伤,起到预防感冒的作用。

(3) 空调帽开关启动后,首先自动连接太阳能板产生的电量;当太阳能电源电量不足时,才使用电池电量。这样能减少废旧电池污染,保护环境。

(4) 便于携带。人们不论步行、骑车、开车、乘车都可便利使用空调帽。

(三) 使用说明事项

(1) 热天或冷天出门时,随手将科技空调帽戴在头上,用手接触触摸式开关。温度调高,就吹出热风;温度调低,就吹出凉风。

(2) 日常保管:不用时可以挂在衣架上或放在盒子里,不要受到外力抵压,注意防潮防湿,以免电路受损。

# 第二节 "食"中的制冷

## 学习目标

1. 能说出冷链的定义和冷链物流的定义;
2. 知道食品冷链的构成;
3. 知道常见的冷链设备;
4. 了解冷链的适用范围。

## 一、冷链

冷链物流运输这个行业可能不为大多数人了解,甚至很多人都不知道这一行业,但

是对我们来说,它也是我们生活中必不可少的一部分。

有些人也许会嗤之一笑,"它与我有什么关系?"你还真应重视此问题,它的确与你息息相关。你想一下,你平常吃的蔬菜、水果、肉食品、糕点、鲜奶制品有许多都有可能不是你生活的当地所生产的,而是从国内其他地方甚至国外运回来的。为了防止它们变质腐败,我们就要进行冷链运输对其进行冷冻、冷藏和恒温保存,以防它们变质。药品也是同个道理,每年因为用了变质药品而导致病情加重甚至死亡的患者很多。所以说,你还敢说冷链运输是与你的生活不息息相关吗?

中国的古代尚且有了冰厨和冰船,可见人类早已意识到要想长期保存食品,则需要保证易腐品在整条供应链都保持适宜的低温环境。所谓冷链(cold chain),是指易腐食品从产地收购或捕捞之后,在产品加工、贮藏、运输、分销和零售,直到消费者手中,其各个环节始终处于产品所必需的低温环境下,以保证食品质量安全,减少损耗,防止污染的特殊供应链系统。

从概念上看来,不同的国家对于冷链有不同的理解。在中国,它是指根据物品的特性,为保持其品质而采用的从生产到消费的过程中始终处于低温状态的物流网络。在美国,它是指贯穿从农田到餐桌的连续过程中维持正确的温度,以阻值细菌的生长。而在欧盟,指原材料的供应,经过生产、加工或者屠宰,直到最终消费为止的一系列有温度控制的过程。在日本,指通过采用冷冻、冷藏、低温贮藏等方法,使鲜活食品、原料保持新鲜状态由生产者流通至消费者的低温流通系统。

可见,冷链在不同的国家的解释虽有不同,但均强调了冷(低温)和链(从生产到消费)是冷链必须坚持的部分。在发达国家冷链的发展过程中,各国对于冷链的侧重点各有不同,但均不同程度上促进了冷链的发展。美国的物流发展处于世界领先地位,物流的发展模式对世界其他国家和地区有很大影响。其冷链定义中体现了供应链的思想,促进了供应链全球化的发展。欧盟强调冷链的操作,它促进了冷链运作在各国间的有效衔接,推动了欧洲冷链标准化的进程和对接口的管理。日本对冷链技术的研发,促成了日本冷链技术在世界的领先地位。到目前为止,日本的冷链体系发展得非常完善,普遍采用包括采后预冷、整理、贮藏、冷冻、运输、物流信息等规范配套的流通体系。

## 二、冷链物流

冷链物流泛指冷藏冷冻类物品在生产、贮藏运输、销售,到消费前的各个环节中始终处于规定的低温环境下,以保证物品质量和性能的一项系统工程。它是随着科学技术的进步、制冷技术的发展而建立起来的,是以冷冻工艺学为基础、以制冷技术为手段的低温物流过程。其流程如图 2-3 所示。

冷链物流应遵循"3T 原则",即产品最终质量取决于冷链的储藏与流通的时间(time)、温度(temperature)和产品耐藏性(tolerance)。

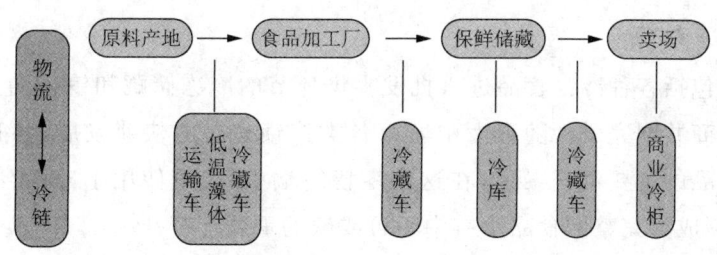

图 2-3 冷链物流流程

"3T 原则"指出了冷藏食品品质保持所允许的时间和产品温度之间存在的关系。由于冷藏食品在流通中,因时间-温度的经历而引起的品质降低的累积和不可逆性,因此对不同的产品品种和不同的品质要求都有相应的产品控制和储藏时间的技术经济指标。

### 三、冷链设备

冷链设备是从供应链的角度来定义的。各类产品有其独特性,产品的供应链也具有独特性。冷冻类产品,由于产品要求所处的环境通常为低温或低湿共同特性,所以称为冷冻产品,冷冻产品的供应链称为冷链。用于制造低温、低湿环境的设备,称为冷链设备。具体的冷链设备有低温冷库、常温冷库、低温冰箱、普通冰箱、冷藏车、冷藏箱、疫苗运输车、备用冰排等。

### 四、冷链构成

食品冷链由冷冻加工、冷冻贮藏、冷藏运输及配送、冷冻销售4个方面构成。

#### (一) 冷冻加工

冷冻加工包括肉禽类、鱼类和蛋类的冷却与冻结,以及在低温状态下的加工作业过程;也包括果蔬的预冷、各种速冻食品和奶制品的低温加工等。在这个环节上,主要涉及的冷链装备有冷却、冻结装置和速冻装置。

#### (二) 冷冻贮藏

冷冻贮藏包括食品的冷却储藏和冻结储藏,以及水果蔬菜等食品的气调贮藏,保证食品在储存和加工过程中处于低温保鲜环境。在此环节主要涉及各类冷藏库/加工间、冷藏柜、冻结柜及家用冰箱等。

#### (三) 冷藏运输及配送

冷藏运输包括食品的中、长途运输及短途配送等物流环节的低温状态。它主要涉及铁路冷藏车、冷藏汽车、冷藏船、冷藏集装箱等低温运输工具。在冷藏运输过程中,温度波动是引起食品品质下降的主要原因之一。所以,运输工具应具有良好性能,在保持规定低温的同时,更要保持稳定的温度,这对远途运输尤其重要。

### （四）冷冻销售

冷冻销售包括各种冷链食品进入批发零售环节的冷冻储藏和销售，它由生产厂家、批发商和零售商共同完成。随着大中城市各类连锁超市的快速发展，各种连锁超市正在成为冷链食品的主要销售渠道，在这些零售终端中，大量使用了冷藏/冻陈列柜和储藏库，由此逐渐成为完整的食品冷链中不可或缺的重要环节。

## 五、适用范围

初级农产品：蔬菜、水果、肉、禽、蛋、水产品、花卉产品。

加工食品：速冻食品，禽、肉、水产等包装熟食，冰淇淋和奶制品，快餐原料。

特殊商品：生物制品、药品。

### 想一想 练一练

1. 什么是冷链？
2. 什么冷链物流？
3. 常见的冷链设备有哪些？
4. 食品冷链有哪几部分构成？
5. 冷链的适用范围有哪些？

## 第三节 "住"中的制冷

### 学习目标

1. 掌握"住"中的制冷设备；
2. 熟悉"住"中制冷设备的制冷原理及特点。

## 一、家用电冰箱

### （一）电冰箱概述

电冰箱（图2-4），是一个习惯性的称呼，它泛指以人工方法获得低温，用以储存食品和其他需要低温储藏的物品的制冷设备。一般来说，它是家庭、商业、医疗卫生和科研中使用的各种类型、性能和用途的冷藏箱（柜）和冷冻箱（柜）的总称。本书中电冰箱主要是指家用电冰箱，它是以电能作为原动力，通过不同的制冷机械，而使箱内保持低温的制冷设备。

图 2-4 电冰箱

电冰箱的主要作用是保鲜、保质、储藏食品和其他物品。电冰箱给人们的生活、工作带来了极大的方便。

普通电冰箱的制冷剂采用 R12,发泡剂用 R11。20 世纪 70 年代以来的研究表明,氯氟烃类物质(CFCs,简称氟利昂)对大气臭氧层有破坏作用,于是新型环保电冰箱应运而生。新型环保电冰箱,一类是仍使用氯氟烃类物质作为制冷剂的符合环保要求的电冰箱;另一类是指制冷剂和箱体保温发泡材料都不使用氯氟烃类物质,分别改用替代物,不再污染环境的电冰箱。按国际惯例,后一类电冰箱可以被称为"双绿色",是一种完全符合国际环保要求的新型电冰箱。

### (二) 电冰箱的生产发展情况

美国是电冰箱生产的发源地,其生产的产品量大、质优,且多为大型产品,生产技术先进。日本在 1930 年开始仿造美国产品,其生产的产品特点是制作精巧、装饰性好。意大利号称"冰箱王国",素以产品质量好、款式新、价格便宜闻名于世。

我国电冰箱制造业起步较迟,比国外晚 20 余年。我国生产的第一台电冰箱是 1954 年由沈阳医疗器械厂生产的 200 L 单门电冰箱,这台电冰箱的品牌为"长城"。1956 年,我国开始仿制英国、日本、丹麦等国家的封闭(四级电动机)压缩式电冰箱,而生产两级电动机压缩机是从 1965 年开始的。我国在 20 世纪 80 年代初电冰箱产量连年翻番:1983 年,产量约 18 万台;1984 年,产量超过 40 万台;1988 年,国家确定 40 几家电冰箱定点厂,全国引进 50 多条电冰箱生产装配线,年产能力达 1 500 万台以上,规格已有 50 L 到 200 L 以上大型电冰箱的各种系列,品种有单门、双门、多门,式样有直冷式也有间冷式。

海尔集团是我国第一家在美国投资设厂的大型企业。1999 年 4 月,海尔美国电冰箱厂在南卡罗来纳州坎姆顿破土动工。次年 3 月,第一台在美国制造的海尔电冰箱下线。

电冰箱是我国最早实现国产化的制冷电器之一。当前,国内市场已进入成熟期,市场运行的基本特征是相对平稳,不会出现需求上的大起大落。电冰箱消费主要集中在城镇。农村由于收入水平、生活习惯等的限制,电冰箱的拥有量较城镇低一些。

### (三) 电冰箱储藏食品的基本知识

1. 食品冷加工原理

有些食品有生命,会成熟或衰老;食品也会受到环境影响,发生结构和成分的变化;

食品还会遭到微生物的侵染,导致腐烂变质。因此,食品不是那么容易保藏。

微生物的生长繁殖需要一定的温度和水分。微生物正常活动的温度范围为 0 ℃~80 ℃,高温(>80 ℃)或低温(<0 ℃)都可以抑制或终止微生物的繁殖,甚至杀死微生物。对于酶来说,也是如此。因此,用人工制冷的方法降低食品的温度或使食品冻结,就能有效地控制微生物和酶的作用,保证食品长期存放而不变质,这就是食品冷加工原理。使用电冰箱储藏食品,就是利用的这一原理。

冷加工分为冷冻和冷藏。冷冻是将食品温度降至指定的低温,冷藏是将食品在低温下储藏。

2. 电冰箱储藏食品的原则

正确合理地使用电冰箱是人们储藏食品的有效途径。通常,食品按以下原则在电冰箱内存放。

(1) 鲜肉、肉制品及非液体奶制品等存放在冷冻室内,可以保鲜较长时间。

(2) 从市场上购得的冻结食品,如果没有化冻,要放在冷冻室内。否则,其组织会由于内部冰晶变大而发生破坏,引起品质变差,养分降低。

(3) 冷藏室的上层一般存放如下食品:要短期储存的肉类及肉制品、奶及奶制品、其他加工食品(包括从市场上购得的已化冻的速冻果蔬)及熟食品(如熟菜、熟饭等)。

(4) 一般从凉爽季节得到的新鲜果蔬等食品可放在冷藏室的中间层或上面一层内(尤其是根茎类果蔬),炎热季节得到的新鲜果蔬等食品可以放在冷藏室的最下层。

(5) 饮料及鲜蛋不能放在冷冻室内。

(6) 同时放几种果蔬时,苹果和番茄最好不要与准备放一段时间的青椒、黄瓜、韭菜等放在一起,以防苹果、番茄释放出来的乙烯气体加速其他果实的衰老,或加快叶菜类老化、叶子变黄。最好将青椒、黄瓜及叶菜类等果蔬与根茎类果蔬或其他非新鲜食品放在一起。当然,如果存放的时间不长,此项可以不考虑。

(四) 电冰箱的选购

走进商场,电冰箱品牌繁多、型号各异、功能有别,着实令人眼花缭乱,甚至无从着手。那么,怎样才能买到一台称心如意的好电冰箱呢?选购电冰箱时需要考虑的因素很多,如容积、外观、结构、功能、质量、价格、品牌等,既要考虑自己的爱好和实际需求,又要考虑电冰箱的制冷效果、耗电量、噪声等技术性能。

1. 定机型

选购电冰箱时,先在整个电冰箱卖场大致看一看,了解一下当地市场电冰箱的品牌、功能、型号、价格和售后服务等;然后根据自己的经济条件和消费能力,综合考虑以下几个方面的因素确定一款具体的机型。

(1) 电冰箱的容积。确定电冰箱容积时,首先要考虑家庭人口数和饮食习惯,一般以每人 60 L 左右来考虑,一般三口之家选择 200 L 左右的电冰箱就比较理想了。电冰箱容积小,价格就会稍低一些,耗电量也会小些。至于冷冻室与冷藏室的比例,则视各家生活习惯而定。双职工家庭喜欢一星期集中购物一次,需要冷冻的食品较多,冷冻室宜选大些,应在 80 L 左右;而喜欢食用新鲜食品的家庭,则冷冻室达到 50 L 左右就可以了。

确定电冰箱容积时,还要考虑其使用时的摆放位置及外观尺寸大小。买电冰箱之前,先要测量房门和厨房门的宽度和高度还有摆放位置面积的大小,不然电冰箱选得太大会导致摆放不协调或搬运的麻烦。

当然人口较多、经济条件好、住房面积大的家庭,可相应挑选容积大的电冰箱,这样使用起来会更加方便。但大容积电冰箱占用空间比较大,耗电量也会大一些,价位也要高一些。

(2) 电冰箱的结构。现代电冰箱正向多温区和多门的方向发展,除了通常的冷冻和冷藏室,还有冰温室、急冻室甚至变温室。这些功能不仅可以提高食物的储藏质量,而且使用也更为方便。多门电冰箱不仅使电冰箱更显高档豪华,也使食物的储藏更科学、合理、卫生。

但传统的双门电冰箱在市场上也很普遍,其结构简单、操作简单,仍很受老年人的青睐。

(3) 电冰箱的技术。购买电冰箱的主要目的是为了储藏食品、方便生活、提高生活质量。为了今后使用起来能够称心如意,选购时不得不考虑其相关技术。

① 制冷方式。电冰箱的制冷方式有直冷式(有霜)和间冷式(无霜)两种。直冷式电冰箱保鲜、保湿性能好,价格相对便宜些,但需经常除霜,最适合在冬季比较干燥的北方和内陆地区使用。间冷式电冰箱冷冻室能自动除霜,箱体内温度比较均匀,而且体积越大,冷量分布越均匀,冷冻效果就越好,较适合空气湿度较大的沿海、长江沿岸及以南地区使用。值得一提的是,现在市场上出现了一种冷藏室带有风扇的直冷式电冰箱。这种来自欧洲的先进动态冷却技术,既解决了普通直冷式电冰箱冷藏室温度不均匀的问题,又有效地保证了箱内的湿度,已逐渐成为消费新宠。

② 温控方式。从市场上现有的电脑温控、电子温控和机械温控 3 种类型的电冰箱来看,电脑温控电冰箱因采用先进的双温双控技术,能精确测定箱体内的实际温度并将信息传送到控制中枢,整个过程实现了全电脑化控制,从而能够真正保证箱内始终保持恒定的低温环境。电脑温控电冰箱能够精确控温,保持食物的新鲜和营养,能够实现全自动运行、省心省力,但电脑温控电冰箱价格比普通电冰箱要高出很多。

③ 杀菌技术。电冰箱可以直接影响食品的营养价值和消费者的身体健康。不少家庭的电冰箱内非常混乱,食品储藏时生熟不分,很容易导致食品之间的交叉污染。如果长期不清理,不经意间就会引发一些疾病。因此,杀菌技术在电冰箱上的应用对于消费者来说非常重要。

此外,保鲜、节能、静音等技术在选购时更应注意。因为电冰箱的保鲜功能对于消费者来说比制冷功能更重要,从某种意义上讲,制冷的目的也是为了保鲜;节能可以减少用电量;静音技术能降低噪声。

(4) 电冰箱的品牌。品牌反映着一个企业的综合水平,通常是产品质量和信誉的标志。这就是人们追求名牌的原因。电冰箱的国产品牌主要有海尔、美菱、美的、星星、新飞、容声、荣事达、海信、TCL 等;日韩品牌主要有松下、日立、LG、三星等;欧美品牌主要有西门子、飞利浦、伊莱克斯等。其实,小到一种产品,大到一个企业,都需要一个不断发展完善的过程,历史悠久、知名度高的国际化公司当然在这方面具有明显的优势。消费者既不要迷信国外产品,也不要盲目追求名牌,应根据自己的需要,从性价比的角度去选择电冰箱的品牌。

(5) 售后服务。一般情况下,电冰箱都会有一定的返修率。因此,选择售后服务好的产品也是十分有必要的。目前,国内的电冰箱厂家都有自己的一套售后服务标准,厂家的售后服务水平不妨通过维修费用、保修时限、维修速度、维修服务的全面性以及周到性等因素来衡量。不要盲目听信厂家宣传,比如多少"星级"的服务形式等。不妨向享受过厂家售后服务的人打听一下其真正的售后服务水平如何。一般来说,在同等条件下,就售后服务而言,国产产品比国外产品好,本地产品比外地产品更令人放心。

2. 看样机

具体的机型确定之后,通常在卖场都能看到相应的样机。看样机时,一般应注意以下几个方面。

(1) 看能效标识。有些厂家参照先进的欧盟能耗标准,给产品划定能耗级别并在门板上贴有相应的能效标识。节能评价值是对产品是否达到节能产品认证要求的评价指标。能效等级是表示用能产品能效水平高低的等级指标。欧洲标准只有 A++、A+、A 和 B 四个等级。我国分为 1、2、3、4、5 五个级。其中,1 级表示产品能效水平最高,5 级表示产品达到能效限定值。消费者在购买产品时可将能效等级作为参考。图 2-5 所示为某电冰箱的能效标识,其级别为 1 级。

(2) 看型号和星级。如图 2-6 所示,在电冰箱上显著标明了其型号为 BCD-219SHDA,星级为四星级,说明该电冰箱是冷藏冷冻式家用电冰箱,有效容积为 219 L。

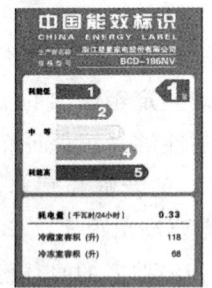
图 2-5 电冰箱能效标识

图 2-6 电冰箱品牌标志

(3) 看铭牌。图 2-7 所示为某电冰箱的品牌。通过查看铭牌可以具体了解电冰箱的一些性能指标,为决定是否购买这款电冰箱提供决策依据。

(4) 看气候类型。电冰箱的气候类型是衡量其适应季节变化和地区差异能力的标志,直接关系到其四季的制冷性能。如果所选电冰箱的气候类型与当地的气候条件不符,消费者就很可能遇到电冰箱"冬天不制冷,夏天不停机"的现象。这种故障源于设计,不是维修和保养所能解决的。因此,建议消费者,尤其是居住在气候多变、四季分明地区的消费者,宜选购宽气候带设计的电冰箱。这样,无论是炎热的夏季,还是寒冷的冬季,都不会有后顾之忧。同时提醒消费者注意,"宽"是一个相对的概念,有些厂家利用这一模糊概念推出了所谓的"宽气候设计"电冰箱。购买电冰箱时,一定要查看电冰箱后面的铭牌,只有标明"SN-ST(亚温-亚热带)"气候类型的电冰箱才是真正的"宽气候设计"电冰箱。

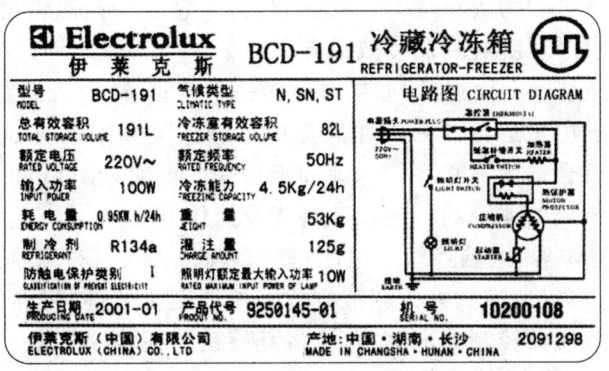

图2-7 电冰箱铭牌

(5)看耗电量。耗电量是指按规定的环境温度和试验方法,电冰箱在稳定运行状态下运行24 h的耗电量。除了购买电冰箱时需一次性投入数千元之外,在电冰箱长达10余年的使用过程中还要追加投入,这其中主要是电费支出和维修费用。消费者在购买之前对这两方面都要做充分考虑。特别是电价存在上调的可能,就更不能只顾电冰箱价格便宜,而忽视了今后高额的电费支出。

(6)看冷冻能力。冷冻能力又称致冷能力或制冷能力,指在规定的条件下,24 h内使试验包(或瘦牛肉)的温度从25 ℃(或32 ℃)降到－18 ℃时试验包(或瘦牛肉)的质量。

3. 查外观

打开电冰箱外包装之后,通电试机之前,必须对电冰箱进行外观检查。查外观就是检查电冰箱的外在质量,主要包括对主箱体、箱门、内胆及附件等的检查。

(1)查有无人为损坏。在开启包装箱后,首先应检查电冰箱的主箱体、箱门及顶框等处是否存在碰伤、碰坏和缩瘪等现象。由于电冰箱质量、体积均比较大,尤其要注意其是否存在运输装卸过程中由于受力过猛而引起的底部变形。此外,还应注意塑料装饰件,尤其是拐角处有没有损坏之处。

(2)看工艺质量。看电冰箱的颜色是否满意,喷塑涂层是否光洁明亮,内胆有无破裂损伤,箱壁发泡层是否充实。

电冰箱的表面涂层色质应均匀发亮,不应有麻点、气泡和明显的划痕,更不应有涂层脱落现象存在。电冰箱的电镀件应光亮细密,不应有镀层脱落或生锈之处。

电冰箱的箱体及其内部都是经过发泡工艺来处理完成的。如果在制造过程中,工艺要求不严格或操作不谨慎,发泡材料溢出箱体或外部涂层表面,就很难除去。故在外观挑选时,应注意箱体表面有没有油迹。

电冰箱的内胆多用ABS塑料板经过真空成型工艺制成。购买前,要检查是否平整,是否有裂痕,是否有起皱的地方;尤其是检查过渡圆角是否圆滑,内胆链板厚薄是否均匀。此外,内胆不应有裂纹,也不应有异味。

(3)试门封。观察箱门是否紧密贴于主箱体。检查磁性门封的吸引力是否足够:将箱门推至距离门框3～5 mm时,箱门应能在磁性门封条的作用下自动吸向主箱体门面,开门时应感觉到有一定的力度。另外,用户可将长 200 mm、宽 50 mm、厚 0.08 mm 的纸片夹于门缝,特别是门封条的 4 个边角处及下横片处。如果夹得较紧,纸片不会下落,不易拖动拉出,各处拉力大小均匀,说明门封条平整、严密、磁性好;反之,吸力不大,门封不严,这样的电冰箱耗电多、制冷效果差。

(4) 试系统。经过以上检查后,如果电冰箱一切都正常、令人满意,那么建议用户接下来一定要在商场通电试运行。因为如果把电冰箱搬运回家后再试机,发现质量问题后再来退货、换货,就会产生不必要的麻烦和不愉快。同时,在试机的过程中,用户可以向销售人员现场请教该电冰箱的一些特殊功能及操作方法。

(5) 通电。接通电源,电脑控温式电冰箱会自动进入人工智慧状态,自动进行工作。为了试机方便,此时可以切换到人为调节方式。按温度调节键,将温度设定为弱冷温度值。对于采用温度控制器控制的电冰箱,应将其旋钮调到弱冷位置。

(6) 看效果。电冰箱运行几分钟后,用手摸电冰箱冷凝器时应有明显热感,而且热得越快越好。回气管则应有明显的冷感,若无冷感则说明电冰箱的性能比较差。如果回气管上有霜,则说明制冷剂加得过多,不仅耗电量大,而且制冷效果也不是很好。

开机 15~20 min,用手蘸冷水摸蒸发器时,应感觉到又冷又黏;运行 20~30 min,箱内温度下降到一定程度后,压缩机自动停止工作。过一段时间箱内温度回升,压缩机又自动开启,即说明压缩机工作正常。此时打开箱门,冷冻室里面应有冻手的感觉,在外露蒸发器表面有一层薄而均匀的霜层。若蒸发器上结霜不均匀或某一部位不结霜,则说明电冰箱的制冷性能比较差。对于间冷式电冰箱,用手按下风扇电动机开关时,风口应出冷风。

(7) 查泄漏。压缩机工作一段时间后,用手摸一下压缩机和冷凝器的管路接口处,查看有无渗漏油迹现象。

(8) 听噪声。噪声是电冰箱主受性能指标之一。压缩机工作时,一般可听到其运转声音和制冷剂循环流动声,这均属正常。但压缩机运转声音不宜太大或忽大忽小,应均匀平稳。电冰箱运行时,噪声限值如表 2-1 所示,人站在距电冰箱 1 m 处不应听到明显的压缩机运行声。

表 2-1 电冰箱噪声限值(声功率级)

| 容积(L) | 直冷式电冰箱噪声限值[dB(A)] | 风冷式电冰箱噪声限值[dB(A)] | 冷柜噪声限值[dB(A)] |
| --- | --- | --- | --- |
| ≤250 | 45 | 47 | 47 |
| ≥250 | 48 | 52 | 55 |

### (五) 电冰箱的使用

#### 1. 电冰箱的放置

(1) 平稳。电冰箱需放置于平坦坚固的地面。如需垫高,亦需选择平稳、坚硬、不可燃的垫块,切勿将电冰箱的包装泡沫垫块用来垫高电冰箱。有的厂家自带电冰箱底部四脚调整平衡旋钮,其可使电冰箱底部四角处在一个平面上而达到平衡,固定前要将电冰箱调整到噪声最小。如没有调整平衡旋钮装置,可在电冰箱脚下加垫胶皮垫等,使之达到平衡、噪声最小。

(2) 通风。电冰箱应放在通风良好、远离热源且避免阳光直射的地方。电冰箱的四周应留有 100 mm 以上的间隙。如果电冰箱嵌入整体式厨房或墙内,则更要注意一定要让其四周留有足够的间隙,以利于空气的流通,保证冷凝器能通风散热。

(3) 干燥。不要将电冰箱放置在潮湿、易溅上水的地方,也不要把电冰箱放在户外或雨中使用,以免影响电冰箱的电气绝缘性能。

2. 电冰箱的电源插座

(1) 电冰箱应使用交流 220 V/50 Hz 电源。电冰箱使用时,电源电压不能过高或过低,一般成为电冰箱额定电压的 85%～110%;否则均会影响压缩机电动机的正常运转,使电冰箱不能正常工作,严重的甚至会造成电冰箱不启动,主控板和压缩机被烧坏,或压缩机工作声音异常等故障。因此,在电压不能满足要求时,受配合使用电冰箱稳压装置(自动稳压器),以使电冰箱电压稳定。

(2) 要为电冰箱安排单独的电源线路和专用插座,不能与其他电器合用同一插座,否则会造成不良事故。电源插座内最好附有 10～15 A 的熔丝,以防外部电源问题损坏电冰箱的压缩机和其他电器元件。

(3) 电冰箱的电源线要配用三线(接地)插头,必须要用符合标准的三线(接地)插座,接地要良好。用户切勿随意切除或拆除电源线的第三插脚(接地插脚),改用二线插座。电冰箱安装到位后,插头、插座应方便插拔。插座接线应符合"左零右火上接地"的原则。

3. 电冰箱温度的调节

(1) 温度控制器的使用。机械温控电冰箱通常使用温度控制器来调节箱内的温度。旋转式温度控制器旋钮标有 0、1、2、3、4……数字挡位,直滑式温度控制器标有"0"(停机点)、"Min"(弱冷)、"Max"(强冷)标志。旋钮盘面的数值并非箱内实际温度值,而是箱内低温程度的表示,习惯上规定盘面数值越大,表示箱内温度越低。第 0 挡为停机挡,即电冰箱压缩机停止工作,不会启动;数字最大挡为速冻挡,即压缩机一直工作在运行状态,不会停机。

在炎热的夏天,应把温度控制器旋钮调到小数字挡(1～3 挡位置),不要调到过大数字位置,否则可能会造成压缩机不停机。这是因为箱内外温差越大,通过箱壁进入箱内部的热量就越多。因此,为保证电冰箱的正常运行,把温度控制器旋钮旋小,就可使压缩机维持一定的开/停比率。

在气温较低(5 ℃以下)的冬季,可把温度控制器调到较大数字(4～6 挡位置)。因为环境温度低,压缩机工作时间短,停机时间长。这样虽对冷藏室温度影响并不大,但对冷冻室来说,制冷时间缩短后,冷冻室温度将达不到星级要求。所以,在冬季宜将温度控制器旋钮稍调大些,这样可保证冷冻室温度,耗电量相对增加得也并不多。

将温度控制器旋钮调到最大数字挡或强冷极限位置时,达到速冻目的后,切莫忘记将旋钮重新调小,否则时间一长会导致压缩机启动过热保护或烧坏。

当环境温度低于 16 ℃时,打开电热补偿开关(在温度控制器下侧)。这样做一方面

可保证冷冻室温度;另一方面可防止环境温度太低(5 ℃以下)而使温度控制器失灵。

正确调节电冰箱温度控制器旋钮既可以使储藏的食品保鲜,又省电。

(2) 电脑调节。电脑温控式电冰箱对温度的控制是靠主控屏上轻触式按键来实现的。电冰箱功能越多,主控屏就越复杂,具体操作可查看说明书。

刚接通电源时,电冰箱自动设定为人工智慧状态,温度显示的是冷藏室、冷冻室的实际温度。此时无须任何调节,即能保证最佳制冷效果。

如果要用人为调节方式,则一般应将冷冻室调节在 -18 ℃;冷藏室调节在 5 ℃~6 ℃;变温室可以根据存储食物的需要设定温度,一般介于冷冻室与冷藏室之间。

4. 食品的储存

使用电冰箱正确、合理地储存食品,可以达到食品保鲜、保质,省电节能的目的。

(1) 新购电冰箱要经过一段时间通电运转,等箱内充分冷却后,才能放入食品,正式使用。

(2) 虽然通过调节温度挡位,可使冷藏室绝大部分空间的平均温度在 0 ℃~10 ℃之间,但冷藏室无法使食品长期保鲜,所以只能作为短时间的食品储藏室使用。

(3) 食品在放入电冰箱之前最好密封起来。这样不但能防止水分蒸发,保持水果、蔬菜的新鲜,而且能防止食品之间互相串味。

(4) 热食品放入电冰箱之前,应先冷却至常温;食品经清洁并擦干水珠后,再放入箱内储藏。这样能减少用电量避免带入不必要的水分。

(5) 储存食物时不宜过满过紧,食品之间、食品与箱壁之间应有 10 mm 以上的空隙,以利箱内冷空气对流,从而使箱内温度均匀稳定,减少耗电。

(6) 食品要分类整理冷藏,根据食品种类分开存放。每天吃的东西宜放在搁物架的前面,这样可避免不必要的长时间开门,也不会因忘记食用而发生食品变质的现象。

(7) 将冷冻食品放在冷藏室化冻,这样可以利用冷冻食品的低温来冷藏食品,达到节能的效果。

(8) 电冰箱中存放的食品特别是油类食品与内胆长时间接触,会造成内胆腐蚀,故应尽量避免食品与内胆直接接触。当内胆沾上油污时,应及时清理、擦干净。

5. 除臭

电冰箱用久了,箱内就会出现难闻的怪味,叫人难以忍受。除了用除臭剂除味或及时清洗以外,还有一些简便的方法,可以轻松快捷地除去箱内的臭味。

(1) 将燃烧过的蜂窝煤完整地取出,放入箱内(当然为了使箱内干净,可以把它放在一个盘子里),一两天后即可去异味。

(2) 蒸馒头时剩一小块生面,把生面放在碗里,再放到冷藏室上层,可以使箱内 2~3 个月都没有异味。

(3) 用纱布包 50 g 茶叶放入电冰箱,一个月后取出放在太阳下暴晒,再装入纱布放进电冰箱,反复使用,也可以去除箱内异味。

(4) 用一条干净纯棉毛巾,折叠整齐放在电冰箱上层网架边,毛巾上的微细孔可吸附箱内的气味。过段时间将毛巾取出用温水洗净,晒干后又可使用。

（5）将几块新鲜的橘子皮洗净揩干，散放在电冰箱里，橘子皮的清香味也可以去除电冰箱里的异味。

（6）把一个柠檬切成两半，不要覆盖保鲜膜。把柠檬放在冷藏室上层，柠檬散发的清香味可以在一周内把箱内的异味驱除殆尽。

（7）把几块竹炭放到冷藏室里，竹炭特有的多孔结构，可以迅速吸收电冰箱里的异味。用一段时间后，把竹炭拿出来在阳光下晒干，还可以继续使用。

## 二、家用空调器

### （一）空调器的功能

房间空气调节器（简称空调器）是一种向密闭空间、房间或区域直接提供经过处理的空气的设备。它主要包括制冷和除湿用的制冷系统以及空气循环和净化装置，还可包括加热和通风装置。一般空调器都具有温度、湿度、洁净度和气流速度调节四大功能。其中，温度调节是主要功能，以满足人们对舒适性和生产工艺过程的要求。由于空调器种类很多，功能也因机型不同而异，为了保证空调房间内空气参数符合要求，空调器通常能实现以下4项功能。

1. 温度调节

对于舒适性空调器，可根据需要，在一定范围内调节房间内温度。夏季应使房间内温度保持在26 ℃～28 ℃，冬季应保持在18 ℃～20 ℃。恒温恒湿调节时，房间内的温度一般为20 ℃～25 ℃。

房间内空气的温度调节过程，实质上是增加或减少空气所具有的湿热的过程。

2. 湿度调节

房间内空气太潮湿或太干燥都会使人感到不舒服。炎热的夏季，在同样高的气温下，空气潮湿就会比空气干燥时感到闷热；寒冷的冬季，空气愈潮湿反而愈觉得阴冷。因此，空调房间内除保持一定的温度外，还应保持一定的湿度：一般冬季空气的相对湿度在40%～50%之间，而夏季相对湿度在50%～60%之间，这样人会感觉比较舒适。

房间内空气的湿度调节过程，实质上是增加或减少空气所具有的潜热过程。

3. 空气的净化

空气中一般都有灰尘和悬浮状态微小颗粒。这些微尘中常带有各种病菌，会随着呼吸进入人体，危害人体健康。对于一些特殊场所，例如精密仪器厂、计算机房等，如果空气的洁净度达不到要求，将会影响产品的质量、设备的正常运行，甚至造成元器件的损坏等不良后果。所以应对空气进行净化处理，使之达到卫生要求和工艺要求是非常必要的。

空气的净化是靠空气过滤器实现的。此外，一些空调器厂家还将光触媒、负离子发生器等新技术应用于空调器的空气净化上，更大程度上满足了人们对健康生活的要求。

4. 气流速度调节

气流速度调节也称为风速调节。冷热风以一定的风速向房间内射流，房间内的空气又回流到空调器的吸风口，使室内空气循环，给人以清凉或暖和之感，那是因为空气的流动加快了热的传递。同时,在定速和变速的气流下,人们的感觉也不同,一般在变速的气流中会感觉更舒服一些。对于舒适性空调房间,空气的流速以小于 0.25 m/s 的变动低速为宜,一般不要超过 0.5 m/s。空调器的风速调节由通风系统实现。

### (二)空调器使用的制冷剂

目前,家用空调器使用的制冷剂为 R22。R22 也被称为二氟一氯甲烷,分子式是 $CHClF_2$,分子量为 86.47。R22 在常温下为无色、近似无味的气体,不燃烧、无腐蚀、毒性极微,加压可液化为无色透明的液体,为 HCFC 型制冷剂。R22 的化学稳定性和热稳定性均很高,特别是在没有水分存在的情况下,在 200 ℃ 以内不会与一般金属起反应;水分存在时,仅与碱缓慢起反应。需要注意的是,R22 在高温下会发生裂解。

适用的冷冻机油有烷基苯合成油 AB(Alkybenzene)、多元醇酯合成油 POE(Polyol Ester)和环烷基矿物油 MO(Mineral Oil)。

### (三)空调器的工作原理

空调器的基本功能是对房间内的空气温度和湿度进行调节。根据用途不同,空调器可分为舒适性和工艺性两种。舒适型空调器的基本工况有制冷、制热和除湿 3 种。

1. 制冷工况

空调器是利用物质汽化时吸收热量的原理实现制冷的,通过制冷剂的循环不断将房间内多余的热量转移到房间外,使温度保持在一个舒适的范围内。通常采用的是单级蒸气压缩式制冷循环,如图 2-8 所示。

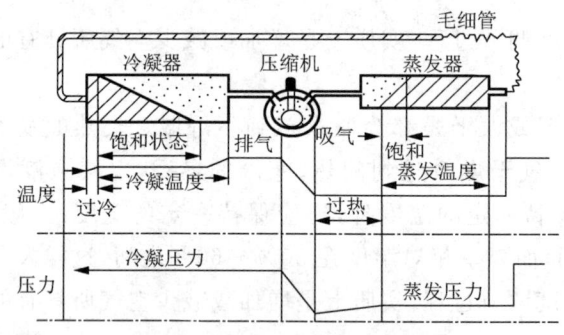

图 2-8 单级蒸气压缩式制冷循环

由图 2-8 可知,在制冷循环中,压缩机将 R22 制冷剂由低温低压的蒸气压缩成高温高压的过热蒸气,并排入冷凝器中。在冷凝器中,由于制冷剂温度高于环境温度,制冷剂向外界放热,并由过热蒸气变为干饱和蒸气,再由干饱和蒸气变为气、液共存的湿蒸气,直到湿蒸气变为饱和液体。如果冷却条件允许,制冷剂液体的温度继续降低,低于冷凝压力对应的饱和温度。此时,饱和液体成为过冷液体。饱和液体的温度与过冷液体的温度之差称为过冷度。

冷凝后的常温高压制冷剂液体进入又细又长的毛细管中进行节流降压,同时少量制冷剂液体因沸腾吸热而使制冷剂变成低温低压的湿蒸气,为在蒸发器中蒸发创造了条件。毛细管为小型空调器节流装置,在大、中型空调器中,节流装置为膨胀阀。

在蒸发器中,制冷剂湿蒸气中的液体吸收空调房间内空气的热量,蒸发(实际是沸腾)为干饱和蒸气,而蒸发器外表面及周围的空气被冷却。制冷剂的蒸发过程是吸热过程。在这一过程中,制冷剂的状态变化是循序渐进的。在毛细管末端有少量气体的出现,随后蒸气所占的比例逐渐增多,液体逐渐减少,到全部变为制冷剂蒸气——干饱和蒸气。在蒸发器末端和压缩机的回气管中,由于制冷剂继续从环境吸热,其状态从干饱和蒸气变为过热蒸气,为压缩机吸气做好准备,从而完成一个制冷循环。

综上所述,制冷循环由如下 4 个过程组成。

(1) 压缩过程。由蒸发器排出的低温低压制冷剂蒸气被压缩机吸入后,被快速压缩成高温高压的过热蒸气,并送入冷凝器。制冷剂压缩过程是一个升压过程。

(2) 冷凝过程。来自压缩机的高温高压制冷剂蒸气,被冷却介质冷却冷凝成常温高压。

(3) 节流过程。进入毛细管或膨胀阀的制冷剂液体被节流降压成低温低压的湿蒸气(含少量蒸气)。制冷剂的节流过程是一个降压过程。

(4) 蒸发过程。低温低压的制冷剂湿蒸气在蒸发器中吸收房间内空气的热量变成蒸气,同时降低了室内温度,实现了制冷的目的。制冷剂的蒸发过程是一个吸热过程。

上述 4 个过程中,制冷剂的状态变化如表 2-2 所示。

表 2-2　制冷循环中制冷剂的状态变化

| 制冷剂流经的部件 | 状态 | 温度变化 | 压力变化 |
| --- | --- | --- | --- |
| 压缩机 | 气态 | 低温→高温 | 低压→高压 |
| 冷凝器 | 气→液 | 高压 | 高温→常温 |
| 毛细管(或膨胀阀) | 液态 | 常温→低温 | 高压→低压 |
| 蒸发器 | 液→气 | 低温 | 低压 |

2. 制热工况

(1) 制热循环。夏天空调器室外机排出的是热风,室内机排出的是冷风,从而达到降低室内空气温度的目的。那么,在冬季需要取暖时,能否将空调器内外机对调实现向室内释放热风的目的呢?由于受空调器结构、安装等很多客观因素的限制,显然对调是不能实现的。实际办法是通过在制冷系统管道中安装电磁四通换向阀改变制冷剂流向,将压缩机排气口的高温高压蒸气排向室内机,从而达到向室内供热的目的。热泵型空调器就是根据空调制热循环的原理设计的,如图 2-9 所示。

(2) 制热能力。热泵型空调器是利用在室外机中的制冷剂从环境中吸收热量并转移到室内来实现制热的,空调器的制热能力必然受环境温度影响。那么室外空气温度是如何影响空调器的制热能力呢?

冬天,室外温度与室外机中制冷剂 R22 的温度存在一个温差。例如,室外温度 7 ℃,R22 的蒸发温度 4 ℃左右,温差 3 ℃,这样热量就会从室外传向制冷剂,然后传向室内,从而使室内温度上升。但是随着室外温度降低,温差减小,热量传递变得困难。也就是说,随着室外温度的降低,空调器的制热能力减弱。室外空气温度对制热能力的影响如图 2-10 所示。目前,一些空调器生产厂家的产品在室外温度为 -8 ℃ 时仍能工作,但制热效果较差。一般当环境温度低于 5 ℃ 时,就要考虑使用辅助设备,如辅助电加热器等。尽管热泵型空调器的制热能力受环境的影响较大,但是因为其制热能力是电暖器的 3 倍左右,非常经济、安全、清洁,符合环保要求。因此,采用热泵型空调器取暖非常普遍。

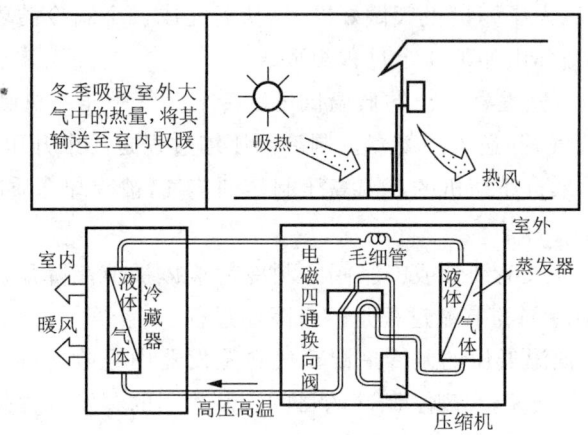

图 2-9　空调器制热循环示意图

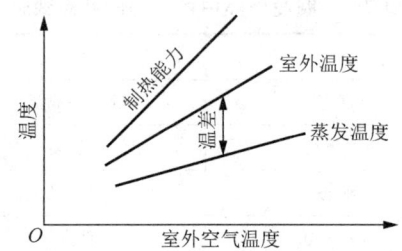

图 2-10　室外空气温度对制热能力的影响

3. 除湿工况

空调器在制冷运行时,当蒸发器外表面的温度低于房间空气的露点温度时,空气中的水蒸气就会凝结成水珠通过排水管排出室外,从而降低了室内空气的含湿量,起到除湿的作用。但是室内空气的含湿量减少,是指绝对湿度降低,并不等于相对湿度也降低。而影响人们对湿度舒适感觉的是空气的相对湿度。为了降低相对湿度,有些空调器增加了独立的除湿功能。

### (四) 空调器的技术参数

1. 制冷量

制冷量是指空调器在额定工况和规定条件下进行制冷运行时,单位时间内从密闭空间、房间或区域内除去的热量总和,单位为 W。

2. 制热量

制热量是指空调器在额定工况和规定条件下进行制热运行时,单位时间内送入密闭空间、房间或区域内的热量总和,单位为 W。

3. 制冷(制热)消耗功率

制冷(制热)消耗功率是指空调器在额定工况和规定条件下进行制冷(热)运行时所输入的总功率,单位为 W。

4. 能效比(EER)

能效比是指在额定工况和规定条件下,空调器进行制冷运行时,制冷量与有效输入功率之比。

5. 性能系数(COP)

性能系数是指在额定工况和规定条件下,空调器进行热泵制热运行时,制热量与有效输入功率之比。

6. 噪声

空调器运行时产生的噪声主要来自风扇电动机和压缩机。

(五) 空调器的选用

1. 空调器类型的选用依据

(1) 整体式和分体式空调器的选择。这两种类型的空调器各有优缺点,应根据自身的实际情况进行选择。但从当前市场上来看,大多数消费者倾向于选择分体式空调器。

整体式空调器最常见的是窗式空调器。此类型空调器具有价格低廉、机体结构紧凑、安装简便、制冷剂泄漏少、用电量少、室内空气质量好等优点;其主要缺点是噪声大、不利于室内采光、穿墙安装时较麻烦。

分体式空调器具有外形美观、室内机噪声小、安装位置灵活、不影响室内采光等优点;其缺点是价格高、安装技术要求高、制冷剂容易泄漏、用电量大。此外,其中的柜式空调器占用较大的室内面积,不适宜在小房间中使用。

(2) 单冷和冷暖空调器的选择。若房间无暖气或采暖条件较差,则选择冷暖空调器较为合适。生活在南方的用户,由于冬季室内无暖气,室外温度大多在 0 ℃ 以上,选择热泵型空调器是合适的。北方的用户,冬季如果也想利用空调器取暖,则可选择电热型、热泵型或热泵辅助电热型空调器其中一种。采用电热型空调器取暖,用电量比较大,不经济。而热泵型空调器的制热是有局限的,不带自动除霜装置的热泵型空调器能够正常工作的最低室外温度是 5 ℃。即使带自动除霜装置的热泵型空调器,也只能在室外温度高于 −5 ℃ 才能起动运行。而且室外温度越低,热泵型空调器的制热效果越差。因此,北方地区仍以暖气取暖为主,辅以空调器制热。即在供暖前后的日子里,采用热泵型空调器取暖。一般情况下,北方的用户选购单冷空调器就足够了。

(3) 移动式空调器的选择。这种空调器具有不需安装(只需在墙上打排气管过孔,使空调器能向外排气即可)、移动灵活便利、插上电源即可使用的优势;其缺点是噪声较大。如果用户不具备安装空调器的条件,或是买来想不安装就可以使用,可以选择移动式空调器。这种空调器特别适合那些居无定所的打工族或因拆迁房屋暂住他处的家庭。移动式空调器的外形及结构如图 2-11 所示。

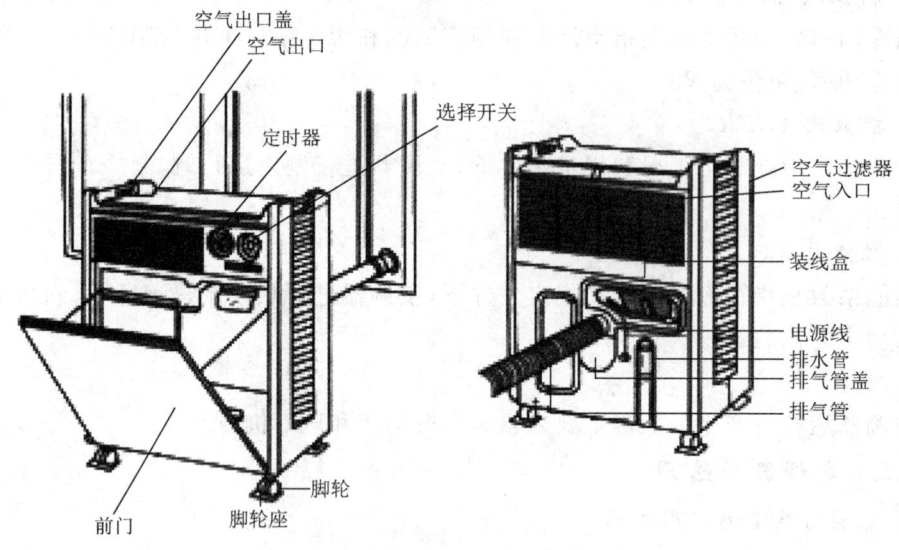

图 2-11 移动式空调器外形及结构

**2. 空调器制冷量、制热量的选择**

（1）空调器制冷量的选择。选择空调器时，应选择额定制冷量和所需耗冷量相近的。因为空调器的实际制冷量往往低于额定制冷量（标准中规定可以低于 5%），所以选择额定制冷量稍大于所需耗冷量的空调器比较可靠。影响空调房间耗冷量的因素很多，很难准确计算其数值，获得耗冷量比较简便的方法是查表法。根据房间用途从表2-3 中可查出单位房间面积耗冷量，用它乘以房间的使用面积，即可确定空调房间的耗冷量。

表 2-3 单位房间面积耗冷量参考值

| 房间用途 | 单位面积耗冷量（W/m²） |
| --- | --- |
| 普通房间 | 140～160 |
| 客厅、饭厅 | 150～175 |
| 小型 10 人办公室 | 140～160 |
| 一般办公室 | 170～180 |
| 会议室、餐厅 | 350～441 |
| 银行大厅 | 162～198 |
| 博物馆、图书馆 | 145～175 |

注：1. 表中数值查取条件：室内温度 27 ℃以下，房间高度不超过 3 m，有隔热措施和密封性好（如窗户紧闭且挂窗帘，房门不得频繁打开等）。

2. 单位面积耗冷量上、下限数值的取用：若房屋处于顶层，且位于阳面，窗户面积大，有阳光直接照射，室内人员多、发热设备多，可取指标上限数值；反之，则取下限数值；一般情况下，取中间值。

（2）空调器制热量的选择。因为一般情况下空调房间冬季室内外温差比夏季室内外温差大，所以冬天室内的供热量比夏天耗冷量多，大约每平方米使用面积需要 210 W

的供热量,是耗冷量的 1.3～1.5 倍。选择冷暖型空调器时,空调器的制冷量、制热量都要满足要求。

### (六) 空调器的选用步骤

影响空调器选用的因素很多,如空调器的制冷(热)量、耗电量、工作环境(房间所处地区、房间面积、房间的隔热情况、朝向、净高、人员数量等)、房间内电源情况及用户的经济承受能力等。通常,选用空调器可按下列步骤进行。

1. 选择空调器的类型

(1) 若希望噪声小些且对房间具有一定的装饰效果,应首选分体式空调器。

(2) 如果仅为了房间的降温除湿,则选择单冷型空调器;反之,选择冷暖型空调器。

(3) 如果经济条件较好且需要空调器长时间运行,以选择变频空调器为佳。

(4) 如果是房间个数较少、房间面积较小的用户,可选用"一拖二"或"一拖三"型的空调器,其中首选变频空调机组。

2. 选择空调器的制冷、制热量

根据房间的使用面积、隔热性能、电器热源散热量的多少、阳光直射时间的长短、人员数量等因素,简略估算一下所需的制冷(热)量,参考表 2-3 提供的相关数据确定空调器的规格。

3. 选择空调品牌和确定其他情况

(1) 选择品牌。因为国产空调器现在已与国际接轨,质量不相上下,因此不必拘泥于国产还是合资,没有必要去追求进口原装机。但选购空调器时,要首选知名品牌。因为品牌关系到产品的质量、价格、售后服务、生产规模以及厂家的经济实力等方面。选择口碑好的空调器,不但能够享受到产品的优良功能,而且更能体会到好的售后服务。

(2) 选择节能和高性能的空调器。能效比在 3 以上、噪声低于 45 dB 的空调器,属于节能和高性能的产品。选购能效比大、噪声低的空调器,即使价格相对高些,但从长远利益来看还是合算的。

(3) 选择其他功能。空调器至少应具备调节温度、湿度和净化空气的功能,最基本的要求是安全、安静、节能。如果在这些要求得到满足的基础上,增加定时开关、红外线遥控、温度设定、自动运转方式、睡眠方式控制、风速和风向的自动控制、自动诊断测试及压缩机运转保护等功能,会大大提高使用空调器的方便性。目前,大部分空调器都具备这些附加功能,所以可选择性不太强。

4. 实物挑选

可通过看、摸、问、听等方法初步检查同等规格空调器的质量。

(1) 外观检查。目检空调器各部件加工是否精细、完好无损及平整;塑料外壳和装饰面是否平整光滑、色泽均匀,有无受损变形、开裂;电镀件表面是否平滑、光亮,有无剥落、划伤等缺陷;喷涂件表面有无气泡、划痕、漏涂、底漆层外露、凹凸不平等;机内各部件的安装是否牢固可靠;管路间、管路与零部件之间是否互相摩擦、碰撞。接着检查有无铭牌、商标、厂名、地址等标志。

(2) 室内机导风板检查。拨动垂直、水平导风板时,其导风板应能上下或左右拨动,不能太紧,更不能太松,拨到任何位置都能定位,不应自动移位。

(3) 各功能键、旋钮的检查。空调器面板上的旋钮、按键,应转动灵活、不松脱、不滑动。微控制器控制式空调器的遥控器、线控器上的各功能键,应按动轻快灵活,绝不能有卡键等现象。

(4) 过滤网检查。空调器室内机过滤网前的活动面板应开、关自如,且关闭时复位紧固,左右推动面板不会脱落,过滤网无破损,抽拉、推送、卡位正常。

(5) 制冷系统部件检查。蒸发器应没有倒片、露铜管,亲水铝箔的翅片表面一般带淡蓝色,翅片上应开窗桥且与铜管紧密接触,未使用亲水铝箔的空调器价格相对较低;冷凝器不应有倒片,且要求翅片与铜管紧密接触;制冷压缩机要求使用知名品牌的产品。

(6) 电气性能检查。检在电源线、电源插头是否规范,拉动电源线时不应有松动现象。

(7) 附件、技术文件检查。检查说明书、合格证、保修卡、装箱单等技术文件是否齐全,按装箱单检查附件是否与其相符、齐全。

(8) 通电检查。整体式空调器可在商场做通电检查,而分体式空调器只能在安装结束后才能做通电检查。

① 开机时应没有异常的振动和撞击声,运行噪音小。

② 选择制冷或制热模式时,开机数分钟后,室内侧(机)应有冷风或热风吹出,室外侧(机)应有热风或冷风吹出。

③ 调节风速选择钮或遥控器的风速按键,应有不同的风量吹出。

④ 分体机运行时,室内机的横向导风条应能在一定角度内上下摆动自如,关机时自动闭合。

⑤ 分体机运行 1 h 后,冷凝水应能通过排水管流向室外,不能滴落在室内。

### 知识拓展

#### 一、速冻的定义

速冻即快速冷冻,就是在 30 min 以内将需冷冻的食物由 0 ℃降至 −5 ℃的过程。因为在 −5 ℃~0 ℃间是食物细胞内的水分生成最大冰晶的温度,故该阶段时间越短越好。否则,缓慢的冻结会使食物细胞内水分生成过大冰晶,造成细胞破裂,部分养分在解冻时流失。快速冷冻可以使食物细胞受到较少的破坏,食物的味道和营养受到较少损伤,能基本保持原样。

#### 二、冰箱使用注意事项

不宜放进电冰箱的食物如下。

(1) 香蕉。将香蕉放在 12 ℃以下的地方储存,则香蕉会发黑腐烂。

(2) 鲜荔枝。如将鲜荔枝在 0 ℃的环境中放置一天,其表皮便会变黑,果肉变味。

(3) 西红柿。西红柿经低温冷冻后,内质呈水泡状,显得软烂,或出现散裂现象,表面有黑斑,煮不熟,无鲜味,严重的则酸败腐烂。

(4) 火腿。如将火腿放入电冰箱低温储存,其中的水分就会结冰,致使脂肪析出,火腿肉结块或松散,肉质变味,极易腐败。

(5) 巧克力。巧克力在电冰箱中冷存后,一旦取出,在室温条件下即会在其表面结出一层白霜,极易发霉变质。

### 三、空调器相关知识

热泵型空调器无论夏天制冷的效果还是冬天制热的效果都会受到环境条件的限制。夏天,随着气温的升高,室外机热量散不出去,空调器的制冷效果明显变差,甚至可能会出现制冷效果不明显的情况;冬天,随着气温的降低,空调器的制热效果也明显变差,甚至可能出现制热效果不显著的情况。这些现象是由空调器的工作原理决定的,要与空调器的真正故障区别对待。

#### (一) 能效比与能耗

众所周知,耗电量小,制冷量大的空调器是人们所希望购买的理想空调器(节能型空调器)。衡量空调器是否节能的重要指标是能效比。由能效比的定义可知,空调器的能效比数值越大越节能。通常,空调器的能效比数值接近3或大于3就认为是节能型空调。例如:一台"美的"KFR-35GW/DY-V2(E2)型分体壁挂式空调器的制冷量是3 500 W,额定耗电功率是1 030 W;另一台"美的"KFR-35CW/DY-N(L5)型分体壁挂式空调器的制冷量是3 500 W,额定耗电功率是1 255 W。则这两台空调器的能效比分别为:

KFR-35GW/DY-V2(E2)型空调器的能效比:$EER=3\,500/1\,030=3.398$

KFR-35GW/DY-N(E5)型空调器的能效比:$EER=3\,500/1\,255=2.789$

通过两台空调器能效比的比较可知,第一台空调器更为节能。目前,按照国家标准相关规定:将空调器的能效比分为1、2、3、4、5 五个级别。具体划分:能效比为2.6～2.8,能耗等级为5级能耗;能效比为2.8～3.0,能耗等级为4级能耗;能效比为3.0～3.2,能耗等级为3级能耗;能效比为3.2～3.4,能耗等级为2级能耗;能效比在3.4级以上,能耗等级为1级能耗。能效比数值越大,能耗等级级数越少,空调器越节能。

#### (二) 小型家用中央空调器

小型家用中央空调器是介于分体式空调器和中央空调系统之间的一种产品,具有以下独特的优势。

(1) 一户家庭只需安装一组室外机,可使楼房外观整齐。

(2) 室内机一般采用吊顶安装,同时将管道安装在吊顶内,节省了室内的地面、墙面空间,减少了因室内机的安装对家居环境的影响。

(3) 由于该空调器具有新风功能,所以室内空气质量好,无异味,不必经常开窗通风。

(4) 各房间的温度可单独调节,自控能力强,调温、除湿均匀。

(5) 室内机噪声很低。

由于小型家用中央空调器的室内机组和管道需要隐藏安装,所以要根据房屋结构,同时结合家庭装修进行安装设计,以便达到最佳效果。选择该种空调器的用户的住房必须具备两个条件:一是尚未进行装修;二是具有多个房间。

### (三) 注意事项

#### 1. 查看家内电源情况

在选购空调器之前,一定要搞清楚家内电源状况,旧房用户尤其要注意这一点。如果采用的是额定电流为 3 A 的单相电能表,只够照明和彩色电视机、电冰箱、洗衣机各 1 台使用,在没有更换电能表和电路前,是不能使用空调器的。

单台制冷量大于 7 000 W 的空调器使用的电源是三相 380 V 的交流电源,用户如果不具备这一电源条件,则可选购多台小制冷量的单相空调器。当然,这必须在电能表容量允许的情况下才可同时使用。

#### 2. 正确选择变频空调器

变频空调器是通过改变加在压缩机电动机上的电源频率来改变压缩机的转速,从而改变空调器的制冷量(或制热量),较快地使房间内空气温度处于舒适状态。变频空调器具有节能、室内温度调节快、温度波动小等优点。变频空调器按变频方式分为直流变频空调器和交流变频空调器。直流变频空调器的节能效果更为明显,噪声也更小。变频空调器适用于长期开机运行的场合。相反,如果用户频繁开关变频空调器,因为变频空调器长时间处于高频运转状态,会更费电。实验证明,变频空调器只有开机运行 4 h 以上时,才具备节电优势。

#### 3. 正确选择机型

面积在 20 $m^2$ 以下的房间,建议选用分体壁挂式空调器。若选用柜式空调器,不但占用房间的地面面积,而且耗电增加,噪声也增大。有人认为买个制冷量大的柜式空调器放在客厅既为客厅制冷又兼顾其他房间的温度调节,事实上,这是一种不切实际的选择。这样空调器的工作结果是当客厅内的人已感到很冷时,其他房间内的人还未感觉到凉爽。房间内的热空气流经蒸发器表面被冷却后送入房间内,房间内的冷热空气进行热交换,从而降低房间内的温度。这一过程要求热空气能够很好地回到蒸发器,冷空气能够很好地送到需降温的地方。而其他房间和客厅并不是一个整体,冷、热空气流动时会遇到障碍,其他房间并不能得到有效的降温。因此,在客厅安装制冷量大的空调器兼顾其他房间降温的想法是行不通的。

#### 4. 正确使用制冷量单位

在选购空调器时经常会有人提出类似这样的问题:15 $m^2$ 房间需要用几匹的空调器?

其实这种表示空调器制冷能力大小的方法是不准确的。匹数是指空调器有效输入功率,包括压缩机、风扇电动机及电气控制部分,因不同品牌空调器的能效比不一样,有效输入功率相同的空调器的制冷量不同,有时候相差较大,故用匹来选择空调器是不准确的。目前,我国的国家标准采用瓦(W)作为空调器制冷(热)量单位。使用瓦作为制冷量的单位,才能买到合适的空调器。1 匹≈2 324 瓦,一般称空调匹数时,按 1 匹≈2 500 瓦来计算。

# 第四节 "行"中的制冷

## 学习目标

1. 掌握"行"中的制冷设备；
2. 熟悉"行"中制冷设备的制冷原理及特点。

## 知识平台

### 一、汽车空调

#### （一）汽车空调简介及其发展历程

汽车空调是汽车空气调节的简称，是指采用人为方式对车内空气的流速、温度、湿度和清洁度进行调节。汽车安装空调系统，给驾驶人及乘客创造了舒适的环境，改善了工作条件，减轻了旅途疲劳，从而也提高了工作效率和安全性。

随着电子技术和汽车技术的发展，汽车空调系统不断完善，其发展过程可以概括为以下5个阶段。

第一阶段：单一暖风系统。1925年，首先在美国出现了利用汽车冷却液通过加热器取暖的方法。到1927年，发展为具有加热器、鼓风机和空气滤清器等比较完整的供热系统。在寒冷的北欧和亚洲北部地区，目前仍然使用单一暖风系统。

第二阶段：单一制冷系统。1939年，由美国通用汽车帕卡德电气公司首先在轿车上安装机械制冷降温的空调系统，成为汽车空调系统的先驱。在热带、亚热带地区，目前仍然使用单一制冷系统。

第三阶段：冷暖一体化空调系统。1954年美同通用汽车公司首先在纳什牌轿车上安装了冷暖一体化的空调系统，汽车空调系统才基本上具有了调节控制车内温度、湿度的功能。随着汽车空调技术的改进，目前的冷暖一体空调基本上具有降温、除湿、通风、过滤、除霜等功能。这种方式也是目前使用量最大的。

第四阶段：自动控制的汽车空调系统。冷暖体化空调系统需要人工操纵，增加了驾驶人的工作量，同时控制质量也不太理想。1964年，美国通用汽车公司将自动控制的汽车空调系统安装在凯迪拉克轿车上。这种自动空调系统只要预先设定所需的温度，空调系统就能自动地在设定的温度范围内工作，达到调节车室内空气的目的。

第五阶段：微机控制的汽车空调系统。1973年，美国通用汽车公司和日本五十铃汽车公司一起联合研究微机控制的汽车空调系统。1977年，两家公司同时将其安装在各自生产的汽车上。微机控制的汽车空调系统功能增加，显示数字化。微机根据车内外的环境条件，控制空调系统的工作，实现了空调运行与汽车运行的统一，极大地提高了调节效果，节约了燃料，从而提高了汽车的整体性能，获得了最佳的舒适性。

## (二)汽车空调系统的组成与分类

1. 一般汽车空调系统的分类方式

(1) 按功能可分为单一功能和组合式。

单一功能是指制冷、暖风各自独立,自成系统,一般用于大、中型客车。

组合式是指制冷、暖风合用一个鼓风机,一套操纵机构,多用于轿车上。

(2) 按驱动方式可分为非独立式汽车空调系统和独立式汽车空调系统。

非独立式汽车空调系统的制冷压缩机由汽车本身的发动机驱动,汽车空调系统的制冷性能受汽车发动机工况的影响较大,工作稳定性较差。尤其是在低速时制冷量不足,而在高速时制冷量过剩,并且消耗功率较大,影响发动机动力性能。这种类型的汽车空调系统一般用于制冷量相对较小的中小型汽车上,如图2-12所示。

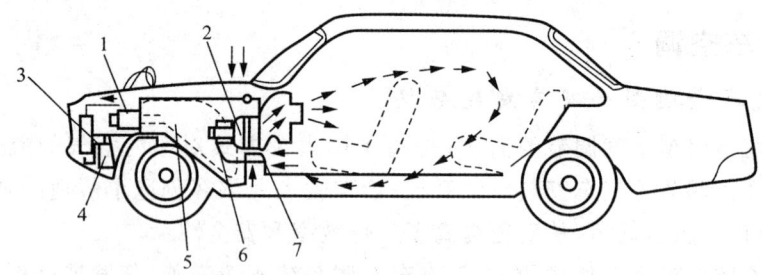

图 2-12 非独立式轿车空调系统

1—压缩机;2—蒸发器;3—降凝器;4—贮液器;5—发电机;6—风机;7—加热器

独立式汽车空调系统的制冷压缩机由专用的空调发动机(也称副发动机)驱动,汽车空调系统的制冷性能不受汽车主发动机工况的影响,工作稳定,制冷量大。但由于加装了一台发动机,不仅成本增加,而且体积和质量也增加了。这种类型的汽车空调系统多用于大、中型客车上,如图2-13所示。

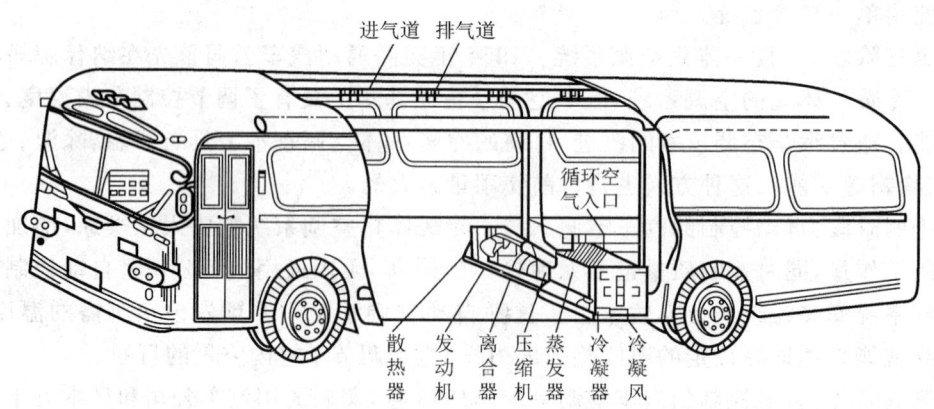

图 2-13 独立式大客车空调系统

2. 汽车空调系统的组成

(1) 制冷系统。制冷系统(图2-14)对车室内空气或由外部进入车室内的新鲜空气进行冷却或除湿,使车室内空气变得凉爽舒适。

(2) 暖风系统。暖风系统主要用于取暖,通过对车室内空气或由外部进入车室内的新鲜空气进行加热,达到取暖、除湿的目的。

(3) 通风系统。通风系统将外部新鲜空气吸进车室内,起通风和换气作用。同时,通风时对防止车窗玻璃起雾也具有良好的效果。

(4) 空气净化系统。空气净化系统能除去车室内空气中的尘埃、臭味、烟气及有毒气体,使车室内的空气变得清洁。

(5) 控制系统。控制系统对制冷和暖风系统的温度、压力进行控制,同时对车室内空气的温度、风量、流向进行控制,以使空调系统进行正常工作。

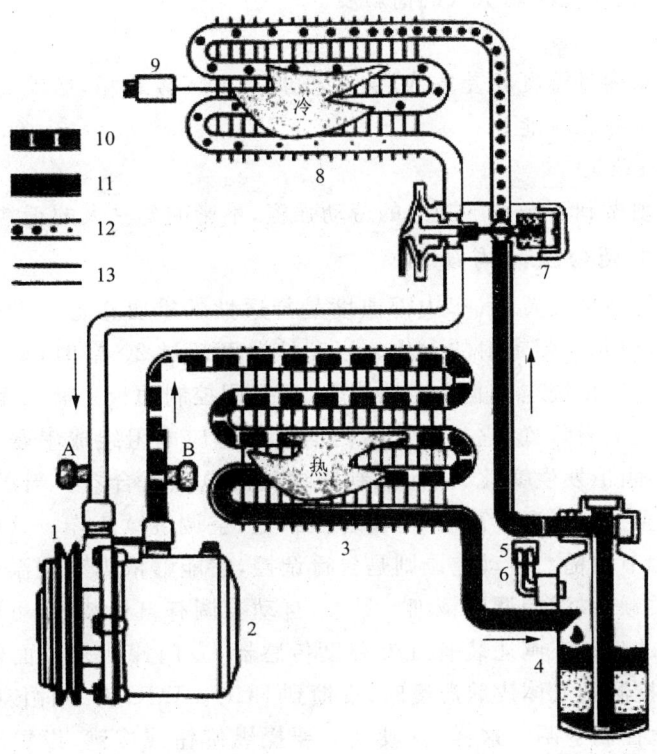

图 2-14 汽车制冷系统结构示意图

1—电磁离合器;2—压缩机;3—冷凝器;4—储液/干燥器;5、6—高、低压力开关;
7—膨胀阀;8—蒸发器;9—温度传感器;10—高压蒸气;11—高压液体;12—低压液体和蒸气;
13—低压蒸气;14—低压检修阀;15—高压检修阀;A—低压维修接口;B—高压维修接口

### (三)汽车空调的性能评价指标

**1. 温度指标**

温度指标是最重要的一个指标。人感到最舒服的温度是 20 ℃~28 ℃。超过 28 ℃,人就会觉得燥热;超过 40 ℃,即为有害温度,会对人体健康造成损害;低于 14 ℃,人就会感到冷;当温度下降到 0 ℃时,会造成人体冻伤。因此,空调应控制车内温度夏天在 25 ℃,冬天在 18 ℃,以保证驾驶人正常操作,防止发生事故,保证乘员在舒适的状态下旅行。

2. 湿度指标

湿度指标用相对湿度来表示。因为人觉得最舒适的相对湿度在50%～70%。所以汽车空调的湿度参数要求控制在此范围内。

3. 空气的清新度

由于车内空间小,乘员密度大,在密闭的空间内极易产生缺氧和二氧化碳浓度过高。汽车发动机废气中的一氧化碳和道路上的粉尘,野外有毒的花粉都容易进入车厢内,造成车内空气混浊,影响驾乘人员身体健康。所以,汽车空调必须具有对车内空气进行过滤的功能,以保证车内空气的清新度。

4. 除霜功能

由于有时汽车内外温度相差太大,会在玻璃上出现雾式霜,影响驾驶人的视线,所以汽车空调必须有除霜功能。

5. 操作简单、稳定

汽车空调必须做到不增加驾驶人的劳动强度,不影响驾驶人的正常驾驶。

(四) 汽车空调的操纵与使用

空调系统是舒适性装置,汽车内部温度是舒适性的重要指标。车内温度取决于车外温度、空气流量以及太阳辐射的大小。当车外温度超过20 ℃时,车内的舒适温度只能靠冷风降温达到。传统空调是人工调控的,在空调控制面板上有一个温度调节旋钮,实际上是一个可变电阻装置,它与蒸发器内的温度感应电阻组成串联电路。当温度改变时,这组电路的阻值发生变化,从而控制压缩机的电磁离合器。当温度低时,将离合器分离,空调停止工作;当温度高时,将离合器合上,空调继续工作。这样的控制方式比较简单,但温控调节粗糙。自动空调则是自行调控,它能够依据车厢温度自动调节出风温度,具有平滑柔顺性,温控调节精细。另外,自动空调有自检装置,可以及时发现故障隐患。有些轿车的自动空调还装有红外温度传感器,专门探测乘员面额部的表面皮肤温度。当传感器检测到人体皮肤温度时,反馈到ECU。ECU有多种传感器的温度数据输入,能更精确地控制空调。这样,驾驶人只要操纵旋钮或按键,设置所需温度及风机转速,以后一切事情都由自动空调控制系统办理了。随着集成电路成本的降低和人们对舒适性需求的提高,目前,装配自动空调的轿车越来越多。

如图2-15所示为大众捷达汽车手动控制面板及各出风口。对于不同类型的汽车空调,人工控制面板的控制键和形式有所不同,但其功能键的控制内容基本相同。下面以大众捷达汽车的控制面板为例进行说明。

(1) 出风口。流经所有出风口的冷热新鲜空气的温度,均由温度控制旋钮B调节。出风口3和4可用滚花旋钮单独开启或关闭:上旋滚花旋钮,打开出风门;下旋滚花旋钮,关闭出风门。转动出风口3和4的出风格栅可纵向改变气流方向,左右拨动格栅内的滚花旋钮可横向改变气流方向。前后排乘员脚部空间的出风口5的开启或关闭由气流分配旋钮C控制。

(a) 控制面板　　　　　　　　　　　(b) 各出风口

图 2-15　大众捷达汽车手动控制面板及出风口

（2）控制开关。A 为鼓风机旋钮开关。鼓风机转速分为 4 挡，用于调节空气流量。B 为空气温度控制旋钮，旋转该旋钮可无级调节空气温度。顺时针旋转，空气温度上升；反之，下降；C 为气流分配控制旋钮。D 为制冷系统按钮开关。按下该开关，启动空调制冷系统，开关上的指示灯随之亮起。再次按下该开关，即可关闭制冷系统。E 为车内空气循环按钮开关。打开制冷系统后，车内空气循环系统方能工作。按下该按钮，内循环系统启动，开关上的绿色指示灯随之亮起。该状态下，车外空气不能进入车内。制冷系统自车内吸入空气，在车内循环制冷，防止车外烟尘进入车内。但切勿让系统在该状态下运行时间过长。

## 二、冷藏运输

冷藏运输技术是将易腐食品从一个地方通过科学的运输设备和运输条件迅速而完好地运至另一个地方的专门技术。科学的冷藏运输对食品的开发利用、提高食品的经济效益、改善人民生活具有重要意义。

我国幅员辽阔、地形复杂、海岸线长，各地的气候差别大，因而各种食品的资源丰富、品种繁多。为了把大量易腐食品从生产地运往消费地，为了提高食品出口量，推动我国食品工业的发展，食品冷藏运输是不可缺少的。

### （一）铁路冷藏车运输

在食品冷藏运输中，铁路冷藏车具有运输量大、速度快的特点。它在食品冷藏运输中占有重要地位，是我国食品冷藏运输的重要承担者。

铁路冷藏车应具有良好的隔热、气密性能，并设有制冷、通风和加热装置。它能适应铁路沿线和各个地区的气候条件变化，保持车内食品必要的储运条件，迅速地完成食品运送任务。它是我国食品冷藏运输的主要承担者，也是食品冷链的主要一环。

铁路冷藏车的主要类型有加冰冷藏车、机械冷藏车、冷冻板式冷藏车、无冷源保温车、液氮或干冰冷藏车。

### （二）公路冷藏车运输

20 世纪 50 年代后期，我国为满足肉类食品向苏联出口的需要，采用苏制吉尔货车底盘。后来，采用解放牌货车底盘改装成简易的保温车，用冰作为冷源进行保鲜。这些年来，我国冷藏运输业和冷藏保温汽车都有了很大的发展。随着我国经济的迅速发展和人民生活水平的不断提高,易腐食品的消费量、冷藏运输(特别是公路冷藏运输)的运量和货物周转量快速增长,冷藏保温汽车的保有量、年产销量以及产品品种不断增加,技术水平也有了长足的进步。

公路冷藏汽车具有使用灵活、建造投资少、操作管理与调度方便的特点。它是食品冷链中重要的、不可缺少的运输工具之一。它既可以单独进行易腐食品的短途运输,也可以配合铁路冷藏车、水路冷藏船进行短途转运。

冷藏汽车又称为冷藏保温汽车,它有冷藏汽车和保温汽车两大类。保温汽车是指具有隔热车厢,适用于食品短途保温运输的汽车。冷藏汽车是指具有隔热车厢并设有制冷装置的汽车。冷藏汽车可以按制冷装置方式分为有机械冷藏汽车、冷冻板冷藏汽车、液氮冷藏汽车、干冰冷藏汽车和冰冷冷藏汽车等。其中,机械冷藏汽车是冷藏汽车中的主型车。

### (三) 水路冷藏运输

水路冷藏运输主要用于渔业,尤其是远洋渔业。远洋渔业的作业时间很长,有的长达半年以上,必须用冷藏船将捕捞物及时冷冻加工和冷藏。此外,由海路运输易腐食品也必须用冷藏船。船舶冷藏包括海上渔船、商业冷藏船、海上运输船的冷藏货舱和船舶伙食冷库,此外还包括有海洋工程船舶的制冷及液化天然气的储运槽船等。

1. 水路冷藏运输的分类

水路冷藏运输可分为3种:冷冻母船、冷冻渔船和冷冻运输船。冷冻母船是万吨以上的大型船,它配备冷却、冻结装置,可进行冷藏运输。冷冻渔船一般是指各有低温装置的远洋捕鱼船或船队中较大型的船。冷冻运输船包括集装箱船,它的隔热保温要求很严格,温度波动不超过±5 ℃。冷藏运输船又有以下4种基本类型。

(1) 专业冷藏运输舱。专业冷藏运输船主要用于城市之间或城市所属区域范围冷藏运输易腐食品。用于渔船船队收集和储运渔获物的冷藏船及鱼品加工母船也属于此类。

(2) 商业冷藏舱。商业冷藏舱即一般货船设置的冷藏货舱,冷藏货舱主要用于运输冷藏货,但也可用于装运非冷藏货。

(3) 冷藏集装箱运输船。这类船上设有专门的制冷装置与送、回风设备,为外置式冷藏集装箱供冷。

(4) 特殊货物冷藏运输船。典型的货物冷藏运输船有液化天然气运输船、化学品或危险品运输船等。

2. 水路冷藏运输的特点

(1) 保温绝热。具有隔热结构良好而气密的冷藏舱船体结构,必须通过隔热性能试验鉴定或满足平均传热系数不超过规定值的要求。其传热系数一般为 0.4~0.7 W/(m²·K),具有足够的制冷量,且运行可靠的制冷装置与设备,以满足在各种条件下为货物的冷却或冷冻提供制冷量。

(2) 结构灵活。水路冷藏运输船舶冷藏舱结构上应适应货物装卸及堆码要求,设有舱高 2.0~2.5 m 的冷舱 2~3 层,并在保证气密或启、闭灵活的条件下,选择大舱口及舱口盖。

(3) 自动控制。水路冷藏的制冷系统有良好的自动控制功能,保证制冷装置的正常工作,为冷藏货物提供一定的温度、湿度和通风换气条件。水路冷藏的制冷系统及其自动控制器、阀件技术等比陆用制冷系统要求更高,如性能稳定性、使用可靠性、运行安全性及工作抗震性和抗倾斜性等。

### (四) 航空冷藏运输技术

1. 航空物流体系及其构成

航空货运业在探索如何满足货主的物流及供应链管理需求的战略问题上,融入物流产业的发展过程中,航空物流产业逐渐演变产生出来。航空物流体系作为航空物流的综合体,由航空物流网络系统、航空物流生产服务系统、航空物流组织管理和协调系统组成。

(1) 航空物流网络系统是基础层,由以航空运输为主的运输线路基础设施、场站基础设施、通信信息基础设施、仓库基础设施等构成。其中,相当一部分由政府投资兴建,具有社会公益性的特点。完善的物流基础设施是航空物流发展的基本保障。

(2) 航空物流生产服务系统是业务,由具体的航空物流业务构成,主要是指航空物流企业的经营行为。它是航空物流业发展的核心。

(3) 航空物流组织管理和协调系统是管理调控层,由相关的物流管理组织机构、产业政策、法规体系、标准化体系、产业发展战略规划等构成,承担着航空物流业的规划、指导、调控、管理等功能,是航空物流业发展的关键。

这 3 个方面构成了航空物流体系生产能力的主要因素。要发展和完善航空物流体系,也主要在这 3 个方面下功夫,同时要注意 3 个层次之间的分工协作、合理配置问题,以及航空物流体系与整个物流体系及与国民经济之间的协调发展问题,以保证整个物流体系与社会经济发展的适应性,促进社会经济持续稳定地发展。

2. 航空冷藏运输的特点

航空冷藏运输是现代冷链的组成部分,是市场贸易国际化的产物。航空运输是所有运输方式中速度最快的一种,但是运量小、运价高,往往只用于急需物品、珍贵食品、生化制品、药品、苗种、观赏鱼、花卉、军需物品等的运输。航空冷藏运输作为航空运输的一种方式,具有以下特点。

(1) 运输速度快。飞机作为速度最快的现代交通工具,是冷藏运输中的理想选择,特别适用于远距离的快速运输。然而,飞机往往只能运行于机场与机场之间,冷藏货物进出机场还要有其他方式的冷藏运输来配合。因此,航空冷藏运输一般是综合性的,采用冷藏集装箱,通过汽车、列车、船舶、飞机等联合连续运输,被称为横跨集装箱运输,不需要开箱倒货,实现"门到门"快速不间断冷环境下的高质量运输。但资料显示,这种横跨运输费用在美国港口内已经降低到集装箱水路运输费用的 1/30,港口停留时间从 7 d 降低到 15 h。

(2) 可广泛应用冷藏集装箱。航空冷藏运输是通过装载冷藏集装箱进行的,除了使用标准的集装箱外,小尺寸的集装箱和一些专门行业非国际标准的小型冷藏集装箱更适合于航空运输。因为它们既可以减少起重装卸的困难,又可以提高机舱的利用率,给空运的前后衔接都可带来方便。

(3)液氮、干冰作为冷源。由于飞机上动力电源困难、制冷能力有限,不能向冷藏集装箱提供电源或冷源,因此空运集装箱的冷却方式一般采用液氮和干冰,在航程不太远、飞行时间不太长的情况下,可以对货物适当预冷后保冷运输。由于飞机飞行的高空温度低、飞行时间短,货物的品质能够较好地保持。

### 3. 航空冷藏运输的发展前景

随着国民经济的发展和人民生活水平的提高、航空冷藏得到了快速发展。随着冷藏运输工具、冷藏技术的发展和普及程度的提高、冷藏集装箱联运组织系统的改善,横跨集装箱运输的费用大幅下降,运输时间大大缩短。人们对航空冷藏运输的需求量越来越大,如高级宾馆的生鲜山珍海味、特种水产养殖的苗种、跨国的花卉业、观赏鱼等,经常采用航空冷藏运输的方式。因此,航空冷藏运输是一项很有发展前景的行业。

# 第三单元　制冷基本操作技能

## 第一节　割管与封管

1. 掌握常用制冷维修专用工具的使用方法；
2. 熟悉常用制冷维修专用工具的使用要求。

### 一、割管刀

#### (一) 割管刀的作用与结构

1. 割管刀的作用

割管刀又称为割管器，是专门切断紫铜管、铝管等金属管的工具。割管刀割管的切割范围一般为 3~35 mm。

2. 割管刀的结构

割管刀的结构如图 3-1 所示，由割轮、支撑滚轮、调整旋钮和刀架组成。通过旋动调整旋钮，可以调整割轮和支撑滚轮的距离，以适应不同管径的铜管。

图 3-1　割管刀

## (二) 割管刀的使用方法

(1) 将铜管放置在滚轮与割轮之间,铜管的侧壁贴紧两个滚轮的中间位置,割轮的切口与铜管垂直夹紧。

(2) 转动调整转柄,使割刀的切刃切入铜管管壁随即均匀地将割刀整体环绕铜管旋转,直至管子割断,如图 3-2 所示。

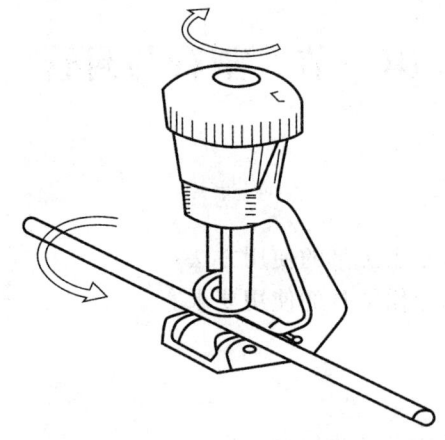

图 3-2 割管刀割管操作

## (三) 割管刀的使用要求

(1) 割管时不可调整旋钮过大,以防割轮压扁管子。

(2) 不可用于割钢管等硬度大的管子。

(3) 割管刀不割管时,不可用力调旋钮使割轮与支撑滚轮过度接触而损坏割轮。

# 二、封管钳

## (一) 封口钳的作用与结构

封口钳是主要用于封闭电冰箱、空调器制冷系统修理管口的专用工具,如图 3-3 所示。

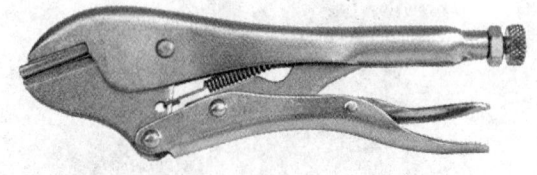

图 3-3 封口钳

## (二) 封口钳的使用方法

(1) 首先根据铜管的壁厚,调节钳口间隙,并拧紧调整螺钉上的锁紧螺母。

(2) 将紫铜管夹入钳口内的中间位置,用力夹紧封口钳的两个手柄,钳口即把铜管夹扁并锁住铜管。

(3) 铜管封口后,拨动钳口开启手柄,在钳口开启弹簧的作用下,钳口会自动打开。

(三) 封口钳的使用要求

封闭紫铜管时,最好用气焊把要封闭的部位烧红冷却后再进行。使用封口钳应注意调节钳口间隙,间隙过大会封不住管道,间隙过小会夹断管子。钳口间隙一般调到略小于铜管壁厚的2倍。在有压力的管道进行封口时,可用封口钳将管道钳2道。在封好工艺管后,取下封口钳,检查夹过的管壁是否有裂纹。若有裂纹,应加焊。

1. 请你说出割管器和封管钳的作用。
2. 你能说出割管器的使用方法吗?
3. 你能说出封管钳的使用方法吗?
4. 使用割管器时应注意哪些事项?
5. 使用封管钳时应注意哪些事项?

# 第二节 扩口与胀口

1. 掌握扩管器的使用方法;
2. 熟悉扩管器的使用要求,并能按要求制作标准工件。

### 扩管器

扩管器是组合工具,由夹具、胀管锥头、顶压器组成。扩管器有扩管和胀管两种功能。

(一) 铜管的扩口

在制冷设备维修过程中,常常会遇到管路连接的问题,如:空调器室内机和室外机的连接;在充注制冷剂时,钢瓶和制冷系统的连接;抽真空时,真空泵和系统的连接等。这时采用的就是螺纹连接。螺纹连接如图3-4所示。这种连接方法的特点是操作方便,便于维修。这种连接需要把紫铜管扩制出一个喇叭口,扩制方法如图3-5所示。

首先将紫铜管用夹具夹紧,紫铜管露出夹具5 mm。然后把顶压器套在夹具上,顺时针旋转顶压器的横杠,使顶压器的头部对准紫铜管的中心。继续用力旋动顶压器的横杠,紫铜管就会被扩制出约60°的喇叭口。

扩口操作时,旋动顶压器的横杆不要用力过猛。用力过猛,会将喇叭口压得很薄,从而失去弹性,不便于螺纹连接的密封,严重时还会造成喇叭口的断裂。若紫铜管的两端都需要扩口,操作前不要忘记将锁母套入紫铜管,以免造成返工。

图 3-4　螺纹连接示意图　　　　图 3-5　扩口的操作方法

### (二) 铜管的胀口

在制冷设备维修过程中,管路的连接除了使用螺纹连接外,有时还会采用焊接。如果两根直径相同的紫铜管需要焊接,为了保证焊接的密封性和机械强度,需要把一根管插入到另一根管内进行焊接,因而也就产生了紫铜管的胀管问题。胀管后两根紫铜管的插接如图 3-6 所示。

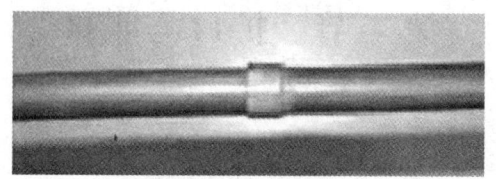

图 3-6　铜管的插接

胀管前应将紫铜管的胀管部分退火,使铜管具有良好的延展性,这样能取得较好的效果。

胀管操作时,首先将紫铜管用夹具夹紧,卸下顶压器的锥形胀头,换上顶压冲头。下面的操作方法和扩口的操作方法相同。

## 项目实施

### 铜管的扩制

#### (一) 工作准备

1. 制冷专用工具的准备

准备卷尺或钢板尺、割管刀、米制或英制割管器。

2. 材料的准备

直径 6~14 mm 的紫铜管。

#### (二) 工作程序

1. 割管的操作

用卷尺或钢板尺量取一定尺寸的紫铜管,并用割管刀小心割下,不可出现螺旋割纹。

2. 扩管操作步骤

扩管操作如图 3-7 所示。

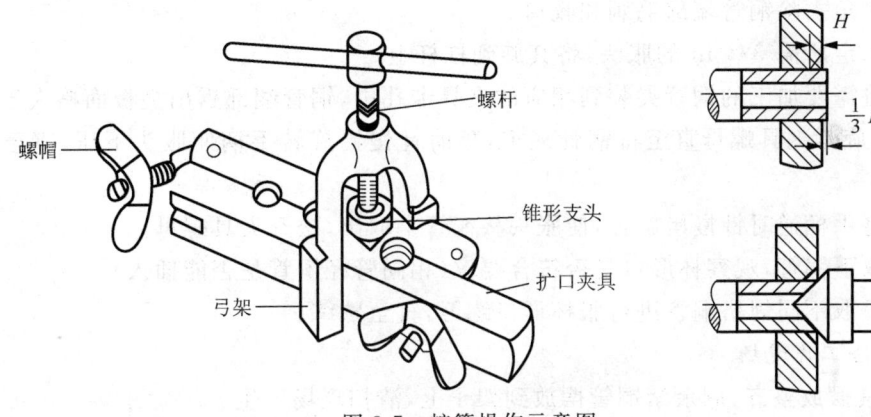

图 3-7 扩管操作示意图

(1) 用割管器切割 10 cm 长,直径为 6 mm 铜管。

(2) 倒角去除铜管端部毛刺和收口。

(3) 将需要加工的铜管夹紧到相应的夹具卡孔中,铜管端部露出夹板面 $\frac{1}{3}H$ 左右(注意夹具坡面位置),旋紧夹具螺母直至将铜管夹牢。

(4) 将扩口顶锥卡于铜管内,顺时针慢慢旋转手柄使顶锥下压,直至形成喇叭口。

(5) 退出顶锥,松开螺母,从夹具中取出铜管观察扩口面应光滑圆整,无裂纹、毛刺和折边。

(6) 另取不同规格铜管进行扩喇叭口练习直至熟练。

扩管操作注意事项如下。

(1) 注意铜管与夹板的公、英制形式要对应。

(2) 有条件最好在扩管器顶锥上加上适量冷冻油。

(3) 铜管材质要有良好延展性(忌用劣质铜管),铜管应预先退火。

(4) 铜管端口应平整、圆滑。

(5) 喇叭口大小适宜,太大容易撕裂且螺母不易夹进,太小容易脱落或密封不严。

(6) 铜管壁厚不宜超过 1 mm。

(7) 常见不合格喇叭口形式如图 3-8 所示。

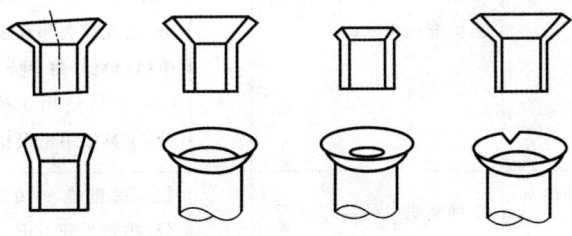

图 3-8 不合格喇叭口示例

### 3. 胀管实训

(1) 用割管器切割 10 cm 长,直径为 3/4 in(1 in＝2.5 cm)的铜管。

(2) 倒角去除铜管端部毛刺和收口。

(3) 选定所需 3/4 in 的胀头,将其旋到杠杆上。

(4) 将需要加工的铜管夹装到相应的夹具卡孔中,铜管端部露出夹板面略大于铜管直径长度,旋紧夹具螺母直至将铜管夹牢,顺时针慢慢旋转手柄使胀头下压,直至形成杯形口。

(5) 将手柄逆时针慢慢旋转,使胀头从铜管中取出,松开夹具螺母。

(6) 取下铜管,观察杯形口是否符合要求(相同管径铜管是否能插入)。

(7) 另取不同规格铜管进行胀杯形口练习,直至熟练。

### 4. 收拾工作现场

将工具摆放整齐,剩余紫铜管摆放到架子上,清扫现场卫生。

### (三) 注意事项

制冷专用工具的使用注意事项如下。

(1) 在使用各种专用工具时,应注意工具对加工对象的尺寸要求及工具的使用范围。

(2) 在操作过程中,应注意操作安全。

(3) 需用割管器切割的管子一定要平直、圆整,否则会形成螺旋切割。

(4) 使用扩制时,应注意铜管进行充分倒角处理以及露出夹具平面高度,并要注意用力均匀,否则会造成喇叭口或杯形口不合格。

### (四) 评价标准

铜管的扩制评价标准如表 3-1 所示。

表 3-1  铜管的扩制评价标准

| 序号 | 考核内容 | 考核要点 | 配分 | 评分标准 | 扣分 | 得分 |
| --- | --- | --- | --- | --- | --- | --- |
| 1 | 器具准备 | 按要求准备好工具 | 1.5 | 准备完全正确得 1.5 分,否则不得分 | | |
| 2 | 正确制作喇叭口 | 根据考评老师要求扩制出标准的喇叭口 | 5 | (1) 喇叭口大小要合适,不合适扣 2 分,合适得 2 分。<br>(2) 喇叭口无扩裂、无歪头、无双眼皮等现象,出现歪头扣 1 分,出现扩裂和双眼皮扣 2 分,喇叭口良好得 2 分。<br>(3) 工具使用正确无误得 1 分,工具使用错误扣 1 分 | | |
| 3 | 能正确回答老师提出的问题 | 正确喇叭口的制作过程 | 2 | 复述关键点一项错误扣 0.5 分,扣完 2 分为止 | | |

续表

| 序号 | 考核内容 | 考核要点 | 配分 | 评分标准 | 扣分 | 得分 |
|---|---|---|---|---|---|---|
| 4 | 安全操作 | 按照安全要求进行操作 | 1 | 能够按照安全操作规定进行操作得1分,否则不得分 | | |
| 5 | 善后工作 | 按要求清理工作现场 | 0.5 | 善后处理及时,否则不得分 | | |
| | 合计 | | 10 | | | |

## 第三节 弯管加工

**学习目标**

1. 掌握弯管器的使用方法;
2. 熟悉弯管器的使用要求。

**知识平台**

### 弯管器

**(一) 弯管器的作用与结构**

弯管器是专门弯曲铜管、铝管的工具。弯曲半径不应小于管径的5倍,弯好的管子其弯曲部位不应有凹瘪现象。弯管器的外形如图3-9所示,由固定杆、带导槽的固定轮和带导槽的活动杆组成。

弯管器根据导轮及导槽的大小可对不同管径铜管进行加工。弯管器与铜管相对应也有公制和英制之分,其常见的规格有公制 6 mm、8 mm、10 mm、12 mm、16 mm、19 mm;英制 1/4 in、3/8 in、1/2 in、5/8 in、3/4 in。

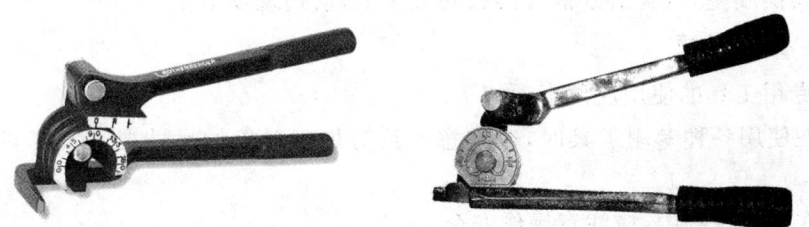

图 3-9 弯管器

**(二) 弯管器的使用方法**

(1) 将所需加工的铜管,放置到合适的弯管器导轮槽中,并调整好位置,将活动手柄的导槽扣住所加工的管件。

(2) 慢慢旋紧活动手柄,使管件弯曲至所需角度。

(3) 松开活动手柄,将管件退出,并观察是否符合要求。

### (三) 弯管器的使用要求

(1) 导槽与所弯的管子管径必须一致,否则将导致管子外径变形。
(2) 弯管操作时,动作不可过急,否则易导致弯管半径中心处管子凹瘪。

## 项目实施

### "U"形弯的制作

#### (一) 工作准备

1. 制冷专用工具的准备

准备卷尺或钢板尺、割管刀、公制或英制割管器。

2. 材料的准备

直径 6～14 mm 的紫铜管。

#### (二) 工作程序

1. 割管的操作

用卷尺或钢板尺量取一定尺寸的紫铜管,并用割管刀小心割下,不可出现螺旋割纹。

2. "U"形弯的制作

(1) 在紫铜管需要弯"U"形弯的位置做上记号,选用相应尺寸导槽的弯管器并将所需加工的铜管,放置到弯管器导轮中,并调整至记号位置,将活动手柄的搭扣扣住所加工的紫铜管上。
(2) 慢慢旋紧活动手柄,使管件弯曲逐渐至所需角度。
(3) 松开搭扣和活动手柄,将管件退出,并观察记号位置是否偏移,"U"形弯两边是否平行。

3. 收拾工作现场

将工具摆放整齐,剩余紫铜管摆放到架子上,清扫现场卫生。

#### (三) 注意事项

制冷专用工具的使用注意事项如下。

(1) 在使用各种专用工具时,应注意工具对加工对象的尺寸要求及工具的使用范围。
(2) 在操作过程中,应注意操作安全。
(3) 需用割管器切割的管子一定要平直、圆整,否则会形成螺旋切割。
(4) 使用弯管器弯管时,应注意弯管的曲率半径不小于管径的 5 倍。弯制过程中,要注意用力均匀,否则管子会变形或折扁。

#### (四) 评价标准

"U"形弯的制作评价标准如表 3-2 所示。

表 3-2 "U"形弯的制作

| 序号 | 考核内容 | 考核要点 | 配分 | 评分标准 | 扣分 | 得分 |
|---|---|---|---|---|---|---|
| 1 | 器具准备 | 按要求准备好工具 | 1.5 | 准备完全正确得 1.5 分,否则不得分 | | |
| 2 | 正确制作"U"形弯 | 根据考评老师要求弯制出尺寸合适角度正确的"U"形弯 | 5 | (1)"U"形弯角度为 180 度,角度不合适扣 2 分,合适得 2 分。(2)管子无变形或折扁现象,出现变形扣 1 分,出现折扁扣 2 分,管子良好得 2 分。(3)工具使用正确无误得 1 分,工具使用错误扣 1 分 | | |
| 3 | 能正确回答老师提出的问题 | 正确复述"U"形弯的制作过程 | 2 | 复述关键点一项错误扣 0.5 分,扣完 2 分为止 | | |
| 4 | 安全操作 | 按照安全要求进行操作 | 1 | 能够按照安全操作规定进行操作得 1 分,否则不得分 | | |
| 5 | 善后工作 | 按要求清理工作现场 | 0.5 | 善后处理及时,否则不得分 | | |
| | 合计 | | 10 | | | |

知识拓展

## 常用钳工工具的使用

### (一) 钢管的锯割

(1) 用台虎钳将待割钢管固定,量取尺寸后用锯条或划针划出锯割点。

(2) 用手锯在刻痕处开始轻轻锯割,锯到有一定深度凹槽时,将钢管略微转动下方向,顺时针为佳,然后再轻锯至有凹槽。

(3) 待钢管一周都有凹槽时,就可以加大力量锯割钢管。锯开钢管约一半时,换转方向约 90°左右再次锯管。如此反复三次,钢管便可以无参差的锯开。

### (二) 锉刀的使用

锉刀的种类较多,制冷设备维修时常用来锉削修正零部件,划分的规格为锉面的长度值,经常使用的有 200 mm 和 250 mm 的两种。锉刀的使用应注意以下几点。

(1) 锉削中尽量保持水平运动状态,前推锉刀前刀面在工件上时,左手稍用力,右手保持平衡。

(2) 锉削到后段,则右手用力,同时,左手保持平衡。然后通过观察锉削纹路来判定锉削的效果。

(3) 锉削时力量不要用得过大,否则易啃伤加工面。

# 第四节　气焊技术

1. 掌握气焊的使用方法；
2. 熟悉气焊的使用要求，并能高质量地进行气焊操作。

## 气焊设备与钎焊

### （一）气焊设备的组成与火焰类型

制冷设备的管道连接，一般采用钎焊焊接。钎焊使用的气焊设备有焊枪（焊炬）、氧气钢瓶、乙炔气钢瓶（或液化石油气钢瓶）、连接软管及减压表等。

1. 氧气钢瓶

氧气瓶使贮存和运输氧气的一种高压容器。一般气瓶的容积为 40 L，标准压力为 14.7 MPa，制冷维修使用的便携式氧气瓶容积为 2～10 L。

2. 减压器（氧气表）

减压器的作用是将瓶内高压气体调节成工作需要的低压气体（约 0.2 MPa），并保证气体的压力和流量稳定不变。

3. 乙炔气钢瓶

乙炔气钢瓶的最高工作压力为 2.0 MPa，须配备专用的减压器。

4. 液化石油气钢瓶

贮气量一般为 3～5 kg，最大工作压力为 1.57 MPa，一般都配备减压器，工作时无须调节。

5. 焊枪（焊炬）

焊枪的作用是将可燃气体（乙炔或液化石油气）和氧气按需要的比例混合，并由一定孔径的焊嘴喷出燃烧，产生符合焊接要求的、燃烧稳定的火焰。焊枪的结构如图 3-10 所示。

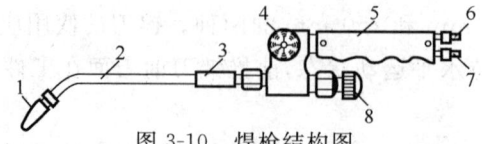

图 3-10　焊枪结构图

1—焊嘴；2—混合气管；3—射吸管；4—乙炔（或液化石油气）调节阀；5—手柄；
6—乙炔（或液化石油气）管接头；7—氧气管接头；8—氧气调节阀

6. 火焰的种类

(1) 氧-乙炔气焊接火焰,可分为 3 类:碳化焰、中性焰、氧化焰,如图 3-11 所示。

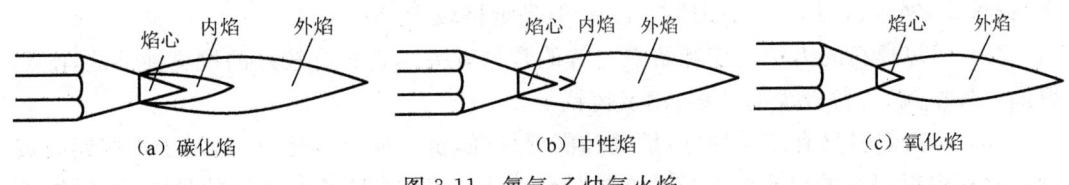

图 3-11　氧气-乙炔气火焰

碳化焰:当氧气与乙炔气的体积比小于 1 时,乙炔气未充分燃烧,其火焰为碳化焰,如图 3-11(a)所示。火焰分 3 层:焰心呈白色,外围略带蓝色;内焰为淡白色;外焰为橙黄色。火焰长而柔软,温度在 2 700 ℃左右,适用于焊接铜管与钢管。碳化焰的火焰较长,温度较低,一般多在对焊件预热、加温时使用。

中性焰:当氧气与乙炔气的体积比为 1～1.2 时,乙炔气充分燃烧,其火焰为中性焰,如图 3-11(b)所示。火焰也分 3 层:焰心呈尖锥形,色白而明亮;内焰为蓝白色,呈杏核形;外焰由里向外逐渐由淡紫色变为橙黄色。中性焰的温度在 3 100 ℃左右,温度最高点位于距离焰心尖端 2～4 mm 处。中性焰是钎焊的标准火焰,适用于焊接铜管与铜管、钢管与钢管。在制冷设备管道焊接中,主要采用的是中性焰。

氧化焰:当氧气与乙炔气的体积比大于 1.2 时,其火焰为氧化焰,如图 3-11(c)所示。氧化焰的火焰只有两层,焰心短而尖,呈青白色;外焰也较短,略带紫色。火苗挺直,燃烧时有"嘶嘶"的响声。氧化焰的温度在 3 500 ℃左右,由于温度较高,不适用于制冷设备管道的焊接。

(2) 氧-液化石油气焊接火焰,可分为两类:碳化焰、氧化焰,如图 3-12 所示。

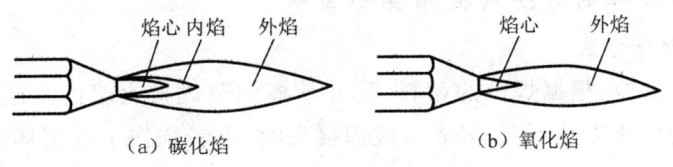

图 3-12　氧-液化石油气火焰

碳化焰:当氧气与液化石油气的体积比为 1.1～1.3 时,其火焰为碳化焰,如图 3-12(a)所示。火焰分 3 层:焰心呈白色,内焰为淡白色,外焰为橙黄色。液化石油气的含量越多,火焰越长。碳化焰温度在 2 500 ℃左右,适用于焊接铜管与钢管。

氧化焰:当氧气与液化石油气的体积比为 1.4～1.6 时,其火焰为氧化焰,如图 3-12(b)所示。氧化焰的火焰分为两层:焰心呈尖形为青白色,外焰为淡白色。氧化焰的温度在 2 900 ℃左右,适用于气焊铜管与铜管、钢管与钢管的焊接。

(二) 钎焊焊料与焊剂的使用

1. 焊料

焊料又称焊条,用于制冷与空调设备的钎焊焊料主要有银焊料、铜锌焊料和铜磷焊料。

(1) 银焊料是银、铜和锌的合金,并有少量的镉和镍等。这种焊料由于熔点低、润湿性好、操作容易、强度高、导电性和耐蚀性优良,所以得到广泛应用,可以焊接铜及其合金、钢铁、不锈钢、耐热合金、硬质合金等,但是价格较贵。

(2) 铜锌焊料的力学性能和熔点与锌的含量有关。它具有较好的抗腐蚀性能,配合焊剂可焊接铜、含锌较少的黄铜、钢及铸铁等。

(3) 铜磷焊料具有流动性好、填缝和润湿性强,价格便宜等优点,适用于焊接铜与黄铜。这种焊料焊接的接头能很好地在拉伸状态下工作,并且具有良好的导电性,但焊缝塑性差。

2. 焊剂

焊剂又称焊药。在钎焊过程中,焊剂的作用主要是防止被焊接工件金属及焊料的氧化,有效地去除氧化物杂质,使焊料能够均匀地流动;同时,减少已熔化了的焊料的表面张力,容易去除熔渣。钎焊时若不使用焊剂,焊缝中易夹杂氧化物,会使焊接处强度降低,产生泄漏。

焊剂分非腐蚀性和活化性两种。非腐蚀性焊剂对气焊温度在 800 ℃ 以上的金属有效。活化性焊剂具有较强的清除氧化物和杂质的能力,但溶剂的熔渣对金属有腐蚀作用,焊完后必须全部清除。

3. 焊料焊剂的使用

铜与铜之间的焊接,可选用铜磷焊料或低含银量的焊料,而且不需要焊剂,这种焊料称为自钎性焊料。自钎性焊料对制冷系统的焊接较好。

铜与钢或钢与钢之间的焊接,可选用银铜焊料或铜锌焊料,焊接时需要焊剂。焊后必须将焊口附近的残留物清刷干净,以防产生腐蚀。

### (三) 钎焊操作的方法及使用安全事项

1. 钎焊的操作方法

正确的操作焊枪,根据焊件的材料、尺寸掌握调节焊接火焰的方法,是完成合格焊接的前提。焊枪操作方法不对,轻者造成焊接失败,重者烧伤手或损坏管路及附近的器件、烧坏地面等。

(1) 焊枪的操作顺序:手持焊枪→点燃焊接火焰→初调火焰→微调火焰→对制冷管路进行焊接→关闭焊枪。

(2) 手持焊枪的方法。在制冷维修中,经常会遇到难以进行焊接操作的管路接头,所以维修人员应学会左、右手都能较自如地操作焊枪。以右手为例,右手大拇指与食指位于氧气调节阀处,其他 3 个手指握住焊枪手柄。左手大拇指与食指调节乙炔调节阀。

(3) 点燃焊接火焰的方法。点火时,先打开乙炔调节阀,用点火枪或打火机点燃乙炔,此时由于缺少氧气助燃,点着的火焰冒黑烟,应立即打开氧气调节阀,调整火焰的大小,直到所需要的火焰种类为止。这种点火方式对于初学者可避免点火时的爆鸣现象,并且一旦发生回火可迅速关闭氧气,防止回火爆炸,但燃烧的烟灰影响卫生。

对于熟练者也可先稍微打开氧气调节阀(逆时针旋转约 1/4 圈),再打开乙炔调节阀(逆时针旋转约 1/2～3/4 圈),然后停留 3～4 秒,等乙炔胶管内的空气全部排净后,用点火枪或打火机点火,并迅速调整火焰的大小,直到所需要的火焰种类为止。

当用打火机点火时,必须将火源从焊嘴的后下方缓缓移到焊嘴前点燃火焰,以免手被烧伤。拿火源的手不要正对焊嘴,也不要将焊嘴指向他人,以防烧伤。

开始练习点火时,可能出现连续的"叭叭"的爆鸣声,原因是乙炔不纯。此时应放出管内不纯的乙炔,然后再点火。

(4) 关闭焊枪的方法。停止焊接时,应先调小氧气调节阀,火焰至碳化焰,然后关闭乙炔调节阀。熄火后,再完全关闭氧气调节阀,避免产生爆鸣、冒黑烟、残留余火现象。

2. 钎焊操作的注意事项

(1) 焊枪使用前应检查焊枪的乙炔接管的射吸能力,确认正常后,方可将乙炔管接在管接头上。

(2) 分别打开乙炔、氧气瓶总阀,调节减压阀,使氧气减压后压力 0.15~0.2 MPa 范围,乙炔减压后压力 0.01~0.02 MPa 范围,然后用肥皂水检查焊嘴、管子连接处及各气体调节阀是否漏气。若有漏气,必须修复后方可使用。

(3) 焊枪点火时,点火姿势要正确,最好使用专用点火枪点火。点火时,注意焊嘴方向,以防火焰吹向人、气瓶和其他物体。

(4) 禁止将正在燃烧的焊枪随意卧放在焊件或地面上。

(5) 使用中若发生回火,应迅速关闭乙炔调节阀,同时关闭氧气调节阀。

(6) 焊枪的各气体管路均不允许沾染油脂,以防氧气遇到油脂而燃烧爆炸。

(7) 焊枪的焊嘴被堵塞时,应用通针清理,严禁采用焊嘴与平板摩擦的方法清理堵塞物。

(8) 工作暂停或结束后,需将氧气和乙炔瓶阀关闭,并将压力表的指针调至零位。将焊枪和胶管盘好,挂在架子上。

## 紫铜管的钎焊连接

### (一) 工作准备

1. 气焊设备的准备

准备氧-乙炔气焊设备或便携式气焊设备、点火器(或打火机)。

2. 材料的准备

准备不同直径的紫铜管、铜磷焊料以及相应钎焊练习工装。

3. 安全操作准备

准备好灭火器材。

### (二) 工作流程

1. 紫铜管扩口

用扩管器将需对接一段紫铜管一端扩成圆柱形口或喇叭口,将对接的另一段紫铜管的一端与圆柱形口或喇叭口插接后放入工装(旧铜管插接处应用砂纸除去表面氧化层和污物)。

**2. 调整气体减压压力**

打开氧气瓶总阀,将压力调整至 0.1~0.2 MPa 范围;打开乙炔瓶阀门,将压力调整至 0.015~0.02 MPa 范围。便携式气焊设备打开氧气瓶和燃料气体瓶阀门即可。

**3. 调整火焰**

用点火器或打火机将焊枪点燃,采用氧-乙炔气焊接的将火焰调整中性焰,采用氧-液化石油气(或丁烷气体)焊接的调整氧化焰。

**4. 钎焊操作**

先用火焰加热插接部位(圆柱形口或喇叭口插接处),使火焰的焰心端距焊件 2~4 mm。左右前后移动焊枪,使管子接头处均匀加热至焊接温度时(显暗红色),加入焊料。焊料的融合是靠管子的温度,并用火焰的外焰维持管子接头的温度。轻轻移动焊料,使插接处均匀填满焊料,移开焊枪并查看焊接情况。焊接完毕,关闭焊枪。

### (三) 注意事项

**1. 钎焊操作时的注意事项**

(1) 焊接时,不可采用预先将焊料熔化后滴入焊接接头处然后再加热焊接接头的方法。这样会造成焊料中低熔点元素挥发,改变焊缝成分,影响接头的强度和致密性。

(2) 焊接时,火焰要强,焊接速度要快。如果焊接时间过长,管道生成氧化物等过多,会混入制冷系统堵塞管道。

(3) 焊接操作时,在焊料没有完全凝固时,不可移动或振动被焊接管道,以免产生裂纹。

(4) 焊接好的铜管应充分冷却后再拿取,以防烫伤。

### (四) 评价标准

气焊技术评价标准如表 3-3 所示。

表 3-3 气焊技术评价标准

| 序号 | 考核内容 | 考核要点 | 配分 | 评分标准 | 扣分 | 得分 |
| --- | --- | --- | --- | --- | --- | --- |
| 1 | 器具准备 | 按要求准备好工具与材料 | 1.5 | 准备完全正确得1.5分,否则不得分 | | |
| 2 | 操作无误,焊件连接良好 | 焊件连接良好,操作正确无误 | 6 | (1) 喇叭口制作精美、大小合适得2分,过大或过小扣1分,扩裂以致不能使用扣2分;<br>(2) 气体钢瓶压力调节正确得2分,调节错误该项不得分;<br>(3) 火焰调节合适得1分,错误扣1分;<br>(4) 焊接件连接操作正确连接良好得1分,否则不得分 | | |
| 3 | 能正确回答老师提出的问题 | 正确复述操作注意事项 | 1 | 复述关键点一项错误扣0.5分,扣完1分为止 | | |

续表

| 序号 | 考核内容 | 考核要点 | 配分 | 评分标准 | 扣分 | 得分 |
|---|---|---|---|---|---|---|
| 4 | 安全操作 | 按照安全要求进行操作 | 1 | 能够按照安全操作规定进行操作得1分,否则不得分 | | |
| 5 | 善后工作 | 按要求清理工作现场 | 0.5 | 善后处理及时,否则不得分 | | |
| | 合计 | | 10 | | | |

# 第五节　万用表及其一般使用

 学习目标

1. 了解万用表的功能;
2. 掌握万用表的正确使用方法;
3. 能准确读数。

 知识平台

## 一、万用表的用途

万用表是一种多功能、多量程的便携式电工电子仪表,一般的万用表可以测量直流电流、直流电压、交流电压和电阻等。有些万用表还可测量电容、电感、功率、晶体管共射极直流放大系数 $h_{FE}$ 等,所以万用表是我们日常检测用电设备的必备仪表之一。

万用表一般可分为指针式万用表和数字式万用表两种,如图 3-13 所示。我们现在常用的主要是 MF47 型指针式万用表,本节也将以 MF47 型万用表为例简介万用表的有关结构组成、使用方法及注意事项。

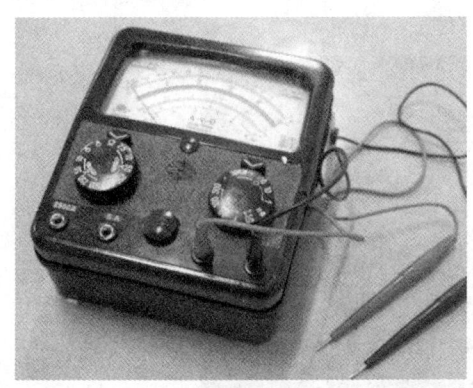  

　(a) 500 型指针式　　　　　　(b) MF47 型指针式　　　　　(c) 数字式

图 3-13　万用表实物图

## 二、万用表的结构

### (一) 指针式万用表的结构

指针式万用表的样式很多,但基本结构是类似的。指针式万用表的结构主要由表头、转换开关(又称选择开关)、测量线路等几部分组成,如图3-14所示。

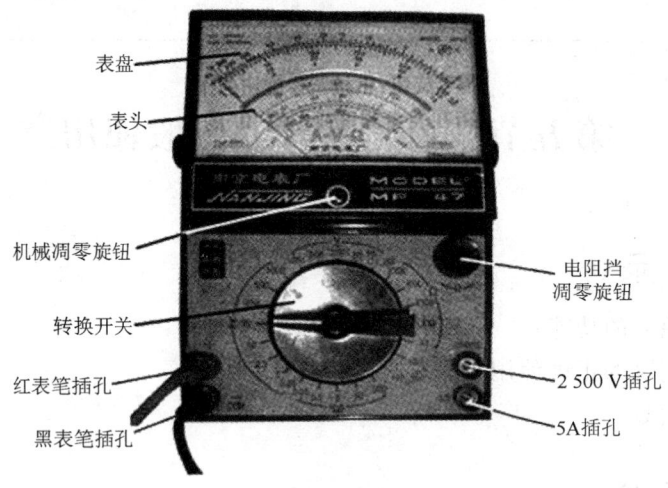

图 3-14 万用表结构图

**1. 表头**

表头采用高灵敏度的磁电式机构,是测量的显示装置。万用表的表头实际上是一个灵敏电流计。表头上的表盘印有多种符号、刻度线和数值,如图3-15所示。符号A-V-Ω表示这只电表是可以测量电流、电压和电阻的多用表。表盘上印有多条刻度线,其中右端标有"Ω"的是电阻刻度线,其右端为"0",左端为"∞",刻度值分布是不均匀的。符号"—"或"DC"表示直流,"～"或"AC"表示交流,"≂"表示交流和直流共用的刻度线。刻度线下的几行数字是与选择开关的不同挡位相对应的刻度值。另外表盘上还有一些表示表头参数的符号,如 DC 20 KΩ/V、AC 9 KΩ/V 等。表头上还设有机械零位调整旋钮(螺钉),用以校正指针在左端指零位。

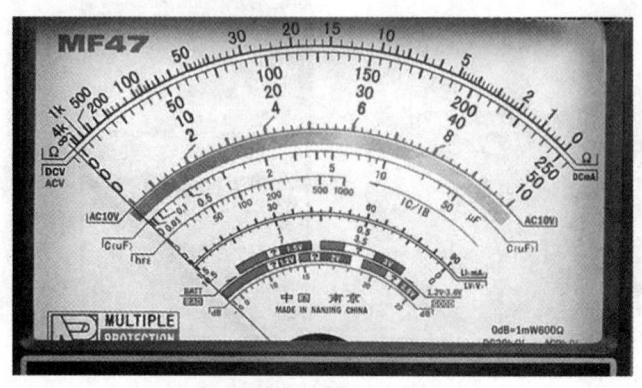

图 3-15 表头细节图

转换开关用来选择被测电量的种类和量程(或倍率),万用表的选择开关是一个多挡位的旋转开关。用来选择测量项目和量程(或倍率)。一般的万用表测量项目包括:"mA":直流电流;"V":直流电压;"V~":交流电压;"Ω":电阻。每个测量项目又划分为几个不同的量程(或倍率)以供选择。

测量线路将不同性质和大小的被测电量转换为表头所能接受的直流电流。当转换开关拨到直流电流挡,可分别与5个接触点接通,用于500 mA、50 mA、5 mA、0.5 mA 和 50 μA 量程的直流电流测量。同样,当转换开关拨到电阻挡,可用"×1""×10""100""1 KΩ""×10 KΩ"挡位分别测量电阻;当转换开关拨到直流电压挡,可用于0.25 V、1 V、2.5 V、10 V、50 V、250 V、500 V 和 1 000 V 量程的直流电压测量;当转换开关拨到交流电压挡,可用于 10 V、50 V、250 V、500V、1 000 V 量程的交流电压测量。

2. 表笔和表笔插孔

表笔分为红、黑二只。使用时应将红色表笔插入标有"+"号的插孔中,黑色表笔插入标有"-"号的插孔中。另外 MF47 型万用表还提供 2 500 V 交直流电压扩大插孔以及 5 A 的直流电流扩大插孔。使用时分别将红表笔移至对应插孔中即可。

### (二) 数字式万用表

数字万用表是指测量结果主要以数字的方式显示的万用表,如图 3-16 所示即为一数字万用表的实物图。

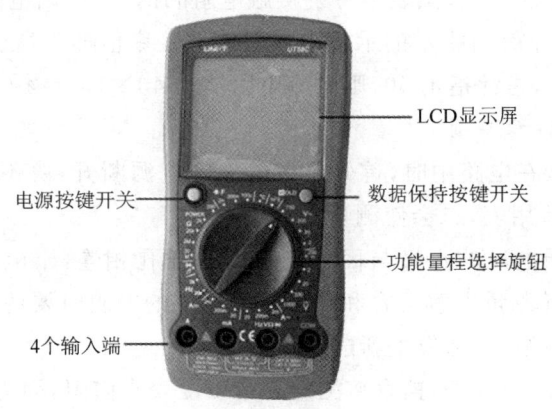

图 3-16 UT58C 数字万用表外部结构

数字式万用表与指针式万用表相比,具有以下特点。

(1) 采用大规模集成电路,提高了测量精度,减少了测量误差。

(2) 以数字方式在屏幕上显示测量值,使读数变得更为直观、准确。

(3) 增设了快速熔断器和过压、过流保护装置,使过载能力进一步加强。

(4) 具有防磁抗干扰能力、测试数据稳定,使万用表在强磁场中也能正常工作。

(5) 具有自动调零、极性显示、超量程显示及低压指示功能。

(6) 有的数字万用表还增加了语音自动报测数据装置,真正实现了会说话的智能型万用表。

## 三、万用表的使用

### (一) 万用表电阻挡

1. 操作步骤

(1) 机械调零。将万用表按放置方式(MF47型是水平放置)放置好(一放);看万用表指针是否指在左端的零刻度上(二看);若指针不指在左端的零刻度上,则用一字起子调整机械调零螺钉,使之指零(三调节)。

(2) 初测(试测)。把万用表的转换开关拨到电阻"×100"挡。红、黑表笔分别接被测电阻的两引脚,进行测量。观察指针的指示位置。

(3) 选择合适倍率。根据指针所指的位置选择合适的倍率。合适倍率的选择标准:使指针指示在中值附近。最好不使用刻度左边三分之一的部分,这部分刻度密集,读数偏差较大;指针尽量指在电阻挡刻度尺的数字 5~50 之间。

快速选择合适倍率的选择方法:示数偏大,倍率增大;示数偏小,倍率减小。

注:示数偏大或偏小是指相对刻度尺上数字 5~50 的区间而言。当指针指在 5 的右边时,称为示数偏小;当指针指在 50 的左边时称为示数偏大。

(4) 欧姆调零。倍率选好后要进行欧姆调零,将两表笔短接后,转动零欧姆调节旋钮,使指针指在电阻刻度尺右边的"0"Ω处。

(5) 测量及读数。将红、黑表笔分别接触电阻的两端,读出电阻值大小。

读数方法:表头指针所指示的示数乘以所选的倍率值即为所测电阻的阻值。例如,选用 R×100 挡测量,指针指示 40,则被测电阻值为 $40 \times 100 = 4\,000(\Omega) = 4\,K\Omega$。

2. 电阻挡测量注意事项

(1) 当电阻连接在电路中时,首先应将电路的电源断开,决不允许带电测量。若带电测量则容易烧坏万用表,二会使测量结果不准确。

(2) 万用表内干电池的正极与面板上"-"号插孔相连,干电池的负极与面板上的"+"号插孔相连。在测量电解电容和晶体管等器件的电阻时要注意极性。

(3) 每换一次倍率挡,都要重新进行欧姆调零。

(4) 不允许用万用表电阻挡直接测量高灵敏度表头内阻,因为这样做可能使流过表头的电流超过其承受能力(微安级)而烧坏表头。

(5) 不准用两只手同时捏住表笔的金属部分测电阻,否则会将人体电阻并接于被测电阻而引起测量误差。因为这样测得的阻值是人体电阻与待测电阻并联后的等效电阻的阻值,而不是待测电阻的阻值。

(6) 电阻在路测量时可能会引起较大偏差,因为这样测得的阻值是部分电路电阻与待测电阻并联后的等效电阻的阻值,而不是待测电阻的阻值。最好将电阻的一只引脚焊开进行测量。

(7) 用万用表不同倍率的电阻挡测量非线性元件的等效电阻时,测出电阻值是不相同的。这是由于各挡位的中值电阻和满度电流各不相同所造成的。机械表中,一般倍率越小,测出的阻值越小。

(8) 测量晶体管、电解电容等有极性元件的等效电阻时,必须注意两支笔的极性。

(9) 测量完毕,将转换开关置于交流电压最高挡或空挡。

### (二) 万用表电压挡

万用表可以用来测量各种直流、交流电压的大小。下面分别介绍万用表测直流电压、交流电压的方法及测量注意事项。

1. 测量直流电压

MF47 型万用表的直流电压挡主要有 0.25 V、1 V、2.5 V、10 V、50 V、250 V、500 V、1 000 V、2 500 V 9 挡。测量直流电压时首先估计一下被测直流电压的大小,然后将转换开关拨至适当的电压量程(万用表直流电压挡标有"V"或标"DCV"符号),将红表棒接被测电压"+"端即高电位端,黑表棒接被测量电压"−"端即低电位端。然后根据所选量程与标直流符号"DC"刻度线(刻度盘的第二条线)上的指针所指数字,来读出被测电压的大小。例如,用直流 500 V 挡测量时,被测电压的大小最大可以读到500 V 的指示数值;如用直流 50 V 挡测量时,这时万用表所测电压的最大值只有 50 V 了。

万用表测电压的具体操作步骤如下。

(1) 更换万用表转换开关至合适挡位,弄清楚要测的电压性质是直流电还是交流电,将转换开关转到对应的电压挡(直流电压挡或交流电压挡)。若不清楚待测电压极性可按先用最高直流电压挡试测。若指针动,说明是直流电。若指针不动(说明此时所测电压可能因量程太大或是交流电而指针不动),则转至最高交流电压挡再试测。此时若指针动,说明是交流电;指针还不动,则再转到低一挡的直流电压挡试测。动,说明是直流电;不动,再转至下一挡的交流电压挡。

(2) 选择合适量程。根据待测电路中电源电压大小大致估计一下被测直流电压的大小选择量程。若不清楚电压大小,应先用最高电压挡试触测量,后逐渐换用低电压挡直到找到合适的量程为止。

电压挡合适量程的标准:指针尽量指在刻度盘的满偏刻度的 2/3 以上位置(与电阻挡合适倍率标准有所不同,要注意)。

(3) 测量方法。万用表测电压时应使万用表与被测电路相并联。将万用表红表笔接被测电路的高电位端即直流电流流入该电路端,黑表笔接被测电路的低电位端即直流电流流出该电路端。例如,测量干电池的电压时,我们将红表棒接干电池的正极端,黑表棒接干电池的负极端。

(4) 正确读数。

① 找到所读电压刻度尺。仔细观察表盘,直流电压挡刻度线应是表盘中的第二条刻度线。表盘第二条刻度线下方有"V"符号,表明该刻度线可用来读交直流电压、电流。

② 选择合适的标度尺。在第二条刻度线的下方有 3 个不同的标度尺:"0-50-100-150-200-250""0-10-20-30-40-50""0-2-4 -6-8-10"。根据所选用不同量程选择合适标度尺,例如:0.25 V、2.5 V、250 V 量程可选用"0-50-100-150-200-250"这一标度尺来读数;1 V、10 V、1 000 V 量程可选用"0-2-4-6-8-10"标度尺;50 V、500 V 量程可选用"0-10-20-30-40-50"这一标度尺。因为这样读数比较容易、方便。

③ 确定最小刻度单位。根据所选用的标度尺来确定最小刻度单位。例如:用"0-50-100-150-200-250"标度尺时,每一小格代表 5 个单位;用"0-10-20-30-40-50"标度尺时,每一小格代表 1 个单位;用"0-2-4-6-8-10"标度尺时,每一小格代表 0.2 个单位。

④ 读出指针示数大小。根据指针所指位置和所选标度尺读出示数大小。例如,指针指在"0-50-100-150-200-250"标度尺的 100 向右过 2 小格时,读数为 110。

⑤ 读出电压值大小。根据示数大小及所选量程读出所测电压值大小。例如,所选量程是 2.5 V,示数是 110(用"0-50-100-150-200-250"标度尺读数的),则该所测电压值是(110/250)×2.5=1.1(V)。

读数时,视线应正对指针。即只能看见指针实物而不能看见指针在弧形反光镜中的像所读出的值。

如果被测的直流电压大于 1 000 V 时,则可将 1 000 V 挡扩展为 2 500 V 挡。方法很简单,转换开关置 1 000 V 量程,红表棒从原来的"+"插孔中取出,插入标有 2 500 V 的插孔中即可测 2 500 V 以下的高电压了。

2. 测量交流电压

MF47 型万用表的交流电压挡主要有 10 V、50 V、250 V、500 V、1 000 V、2 500 V 6 挡。交流电压挡的测量方法同直流电压挡测量方法相同,不同之处就是转换开关要放在交流电压挡处以及红黑表棒搭接时不需再分高、低电位(正、负极)。此处不再重复讲述交流电压测量方法了。

### (三) 万用表电流挡

万用表除了进行电阻、电压的测量之外,最常用的另一个功能就是测量电流了。MF47 型万用表只可以测量直流电流,而不能进行交流电流的测量(因为交流电流测量所需场合较少)。若要测量交流电流,可选用 MF116 型万用表等有测量交流电流功能的万用表。

万用表测量直流电流步骤如下。

(1) 机械调零。和测量电阻、电压一样,在使用之前都要对万用表进行机械调零。机械调零方法同前面测电阻、测电压的机械调零操作一样。一般经常用的万用表不需每次都进行机械调零。

(2) 选择量程。根据待测电路中电源的电流大致估计一下被测直流电流的大小,选择量程。若不清楚电流的大小,应先用最高电流挡(500 mA 挡)测量,逐渐换用低电流挡,直至找到合适电流挡(标准同测电压)。

(3) 测量方法。使用万用表电流挡测量电流时,应将万用表串联在被测电路中,因为只有串联连接才能使流过电流表的电流与被测支路电流相同。测量时,应断开被测支路,将万用表红、黑表笔串接在被断开的两点之间。特别应注意,电流表不能并联接在被测电路中,这样做是很危险的,极易使万表烧毁。同时,注意红、黑表棒的极性,红表棒要接在被测电路的电流流入端,黑表棒接在被测电路的电流流出端(同直流电压极性选择一样)。

(4) 正确使用刻度和读数。万用表测直流电流时选择表盘刻度线同测电压时一样,都是第二道(第二道刻度线的右边有"mA"符号)。其他刻度特点、读数方法同测电压一样。

如果测量的电流大于500 mA时,可选用5 A挡。操作方法:转换开关置500 mA挡量程,红表棒从原来的"+"插孔中取出,插入万用表右下角标有"5 A"的插孔中即可测5 A以下的大电流了。

### 想一想 练一练

1. 万用表有什么功能?
2. 如何用万用表测量电流?
3. 万用表测量电阻需要注意些什么?

### 知识拓展

#### 一、万用表的功能拓展

万用表的3个基本功能是测量电阻、电压、电流,所以老前辈们叫它"三用表"。现在的万用表添加了好多新功能,尤其是数字式万用表,如测量电容值、三极管放大倍数、二极管压降等。更有一种会说话的数字万用表,能把测量结果用语言播报出来。数字式万用表也有许多经典型号,如DT830C、DT890D等,后面的后缀表示功能上的区别。其中,DT830C已经买到了30多元一个,价格较为便宜。

万用表最大的特点是有一个量程转换开关,各种功能就是靠这个开关来切换的。基本上,用"A—"来表示测直流电流,一般毫安挡和安培挡各又分几挡。"V—"表示测直流电压,高级点的万用表有毫伏挡,电压挡也分几挡。"V~"是用来测交流电压的。"A~"测交流电流。"Ω"为电阻挡,测电阻。对于指针式万用表,每换一次电阻挡还要做一次调零。调零就是把万用表的红表笔和黑表笔搭在一起,然后转动调零钮,使指针指向零的位置。"$h_{FE}$"是测量三极管的电流放大系数的,只要把三极管的三个管脚插入万用表面板上对应的孔中,就能测出$h_{FE}$值。注意,PNP、NPN是不同的。

#### 二、指针表和数字表的选用

指针表读取精度较差,但指针摆动的过程比较直观,其摆动速度幅度有时也能比较客观地反映了被测量的大小(比如测电视机数据总线(SDL)在传送数据时的轻微抖动);数字表读数直观,但数字变化的过程看起来很杂乱,不太容易观看。

指针表内一般有两块电池,一块低电压的1.5 V,一块是电压较高的9 V或15 V。其黑表笔相对红表笔来说是正端。数字表则常用一块6 V或9 V的电池。在电阻挡,指针表的表笔输出电流相对数字表来说要大很多,用"R×1 Ω"挡可以使扬声器发出响亮的"哒"声,用"R×10 kΩ"挡甚至可以点亮发光二极管(LED)。

在电压挡,指针表内阻相对数字表来说比较小,测量精度相比较差。某些高电压微电流的场合甚至无法测准,因为其内阻会对被测电路造成影响(比如在测电视机显像管的加速级电压时,测量值会比实际值低很多)。数字表电压挡的内阻很大,至少在兆欧级，对被测电路影响很小。但极高的输出阻抗使其易受感应电压的影响，在一些电磁干扰比较强的场合测出的数据可能是虚的。

总之，在相对来说大电流高电压的模拟电路测量中适用指针表，比如电视机、音响功放。在低电压小电流的数字电路测量中适用数字表，比如计算器、手机等。不是绝对的，可根据情况选用指针表和数字表。

## 第六节　钳形表的使用

### 学习目标

1. 了解钳形表的功能；
2. 了解钳形表的工作原理；
3. 掌握钳形表的正确使用方法。

### 知识平台

#### 一、钳形表的功能和分类

钳形电流表(图3-17)简称钳形表。钳形表是数字万用表的一个重要分支，是一种用于测量正在运行的电气线路电流大小的仪表，可在不断电的情况下测量电流。它是专门测量交流大电流的电工仪器。

钳形表可分为互感器式和电磁系两种。常用的是互感器式钳形电流表，由电流互感器和整流系仪表组成。它只能测量交流电流。电磁系仪表可动部分的偏转，与电流的极性无关，因此它可以交直流两用。

图3-17　钳形电流表

#### 二、钳形表的结构及工作原理

钳形表实质上是由一只电流互感器、钳形扳手和一只整流式磁电系有反作用力仪表所组成，其结构如图3-18所示。

钳形表的工作原理和变压器一样。初级线圈就是穿过钳形铁芯的导线，相当于1匝的变压器的一次线圈，这是一个升压变压器。二次线圈和测量用的电流表构成二次回路。当导线有交流电流通过时，就是这一匝线圈产生了交变磁场，在二次回路中产生了感应电流。电流的大小和一次电流的比例，相当于一次和二次线圈的匝数的反比。钳形电流表用于测量大电流，如果电流不够大，可以将一次导线在通过钳形表增加圈数，同时将测得的电流数除以圈数。

钳形电流表的穿心式电流互感器的副边绕组缠绕在铁心上且与交流电流表相连，

它的原边绕组即为穿过互感器中心的被测导线。旋钮实际上是一个量程选择开关，扳手的作用是开合穿心式互感器铁心的可动部分，以便使其钳入被测导线。

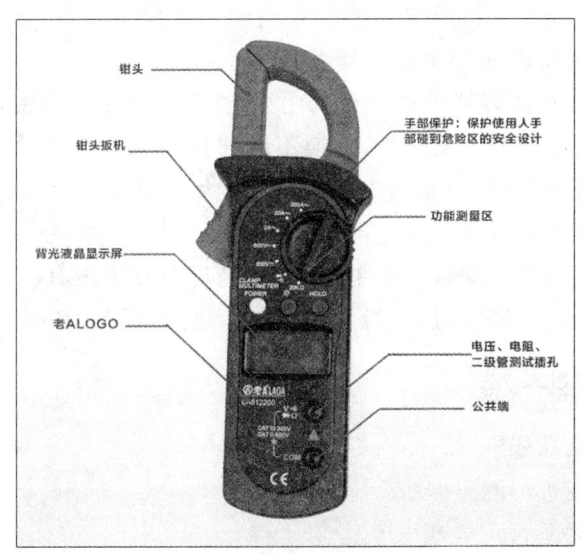

图 3-18 钳形电流表结构图

测量电流时，如图 3-19 所示，按动扳手，打开钳口，将被测载流导线置于穿心式电流互感器的中间。当被测导线中有交变电流通过时，交流电流的磁通在互感器副边绕组中感应出电流。该电流通过电磁式电流表的线圈，使指针发生偏转，在表盘标度尺上指出被测电流值。

 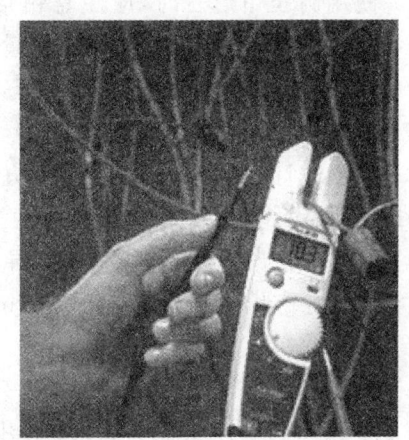

图 3-19 钳形表测量

通过铁心按钮将被测导线放入窗口后，要注意钳口的两个面有良好的吻合，不能让其他物体放入中间。

## 三、使用方法

（1）测量前要机械调零。

(2) 选择合适的量程,先选大,后选小量程或看铭牌值估算。

(3) 当使用最小量程测量,其读数还不明显时,可将被测导线绕几匝。匝数要以钳口中央的匝数为准。读数＝指示值×量程／满偏×匝数。

(4) 测量完毕,要将转换开关放在最大量程处。

(5) 测量时,应使被测导线处在钳口的中央,并使钳口闭合紧密,以减少误差。

钳形表可以通过转换开关的拨挡,改换不同的量程。但拨挡时,不允许带电进行操作。钳形表一般准确度不高,通常为 2.5～5 级。为了使用方便,表内还有不同量程的转换开关供测不同等级电流以及测量电压的功能。

钳形表最初是通过用来测量交流电流的,但是现在万用表有的功能它也都有,可以测量交直流电压、电流,电容容量,二极管,三极管,电阻,温度,频率等。

### 想一想 练一练

1. 钳形表有什么功能?
2. 如何用钳形表进行测量?
3. 钳形表测量时是否需要断电?

### 知识拓展

钳形电流表分高、低压两种,用于在不拆断线路的情况下直接测量线路中的电流。钳形电流表使用时的注意事项如下。

(1) 被测线路的电压要低于钳表的额定电压。

(2) 使用高压钳形表时,应注意钳形电流表的电压等级,严禁用低压钳形表测量高电压回路的电流。用高压钳形表测量时,应由两人操作,非值班人员测量还应填写第二种工作票。测量时,应戴绝缘手套,站在绝缘垫上,不得触及其他设备,以防止短路或接地。

(3) 观测表计时,要特别注意保持头部与带电部分的安全距离,人体任何部分与带电体的距离不得小于钳形表的整个长度。

(4) 在高压回路上测量时,禁止用导线从钳形电流表另接表计测量。测量高压电缆各相电流时,电缆头线间距离应在 300 mm 以上,且绝缘良好。待认为测量方便时,方能进行。

(5) 测量低压可熔保险器或水平排列低压母线电流时,应在测量前将各相可熔保险或母线用绝缘材料加以保护隔离,以免引起相间短路。

(6) 当电缆有一相接地时,严禁测量。防止出现因电缆头的绝缘水平低发生对地击穿爆炸而危及人身安全。

(7) 钳形电流表测量结束后把开关拨至最大程挡,以免下次使用时不慎过流;并应保存在干燥的室内。

(8) 钳形表的最小量程是 5 A,当测量较小电流时显示误差会较大。这时可以将通电导线在钳形表上绕几周后再测,所得读数值除以圈数后便是所要求的结果。

# 第七节　兆欧表的使用

1. 了解兆欧表的功能；
2. 认识兆欧表的特点；
3. 掌握兆欧表的正确使用方法。

## 一、兆欧表的用途和特点

兆欧表(图3-20)又称摇表,其种类有很多,但其作用大致相同。兆欧表是专供用来检测电气设备、供电线路的绝缘电阻的一种便携式仪表。一般用来测量兆欧(MΩ)数量级的电阻值,它的刻度是以兆欧(MΩ)为单位的。

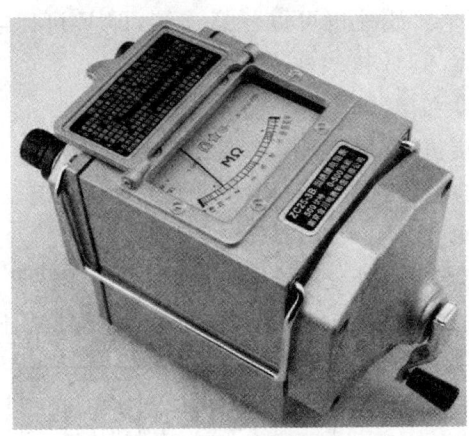

图 3-20　兆欧表

兆欧表是由高压手摇发电机及磁电式双动圈流比计组成,具有输出电压稳定、读数正确、噪音小、摇动轻的特点,并且装有防止测量电路泄漏电流的屏蔽装置和独立的接线柱。

## 二、兆欧表的使用

### (一) 兆欧表选用

规定兆欧表的电压等级应高于被测物的绝缘电压等级。所以测量额定电压在 500 V 以下的设备或线路的绝缘电阻时,可选用 500 V 或 1 000 V 兆欧表;测量额定电压在 500 V 以上的设备或线路的绝缘电阻时,应选用 1 000~2 500 V 兆欧表;测量绝缘子时,应选用2 500~5 000 V兆欧表。一般情况下,测量低压电气设备绝缘电阻时可选用0~200 MΩ量程的兆欧表。

### (二) 绝缘电阻的测量方法

兆欧表有3个接线柱,如图3-21所示。上端两个较大的接线柱上分别标有"接地"(E)和"线路"(L),在下方较小的一个接线柱上标有"保护环"(或"屏蔽")(G)。

图3-21 兆欧表接线柱示意图

**1. 线路对地的绝缘电阻**

将兆欧表的"接地"接线柱(即E接线柱)可靠地接地(一般接到某一接地体上),将"线路"接线柱(即L接线柱)接到被测线路上,如图3-22(a)所示。连接好后,顺时针摇动兆欧表,转速逐渐加快,保持在约120 r/min后匀速摇动。当转速稳定、表的指针也稳定后,指针所指示的数值即为被测物的绝缘电阻值。

实际使用中,E、L两个接线柱也可以任意连接,即E可以与接被测物相连接,L可以与接地体连接(即接地),但G接线柱决不能接错。

**2. 测量电动机的绝缘电阻**

将兆欧表E接线柱接机壳(即接地),L接线柱接到电动机某一相的绕组上,如图3-22(b)所示,测出的绝缘电阻值就是某一相的对地绝缘电阻值。

**3. 测量电缆的绝缘电阻**

测量电缆的导电线芯与电缆外壳的绝缘电阻时,将接线柱E与电缆外壳相连接,接线柱L与线芯连接,同时将接线柱G与电缆壳、芯之间的绝缘层相连接,如图3-22(c)所示。

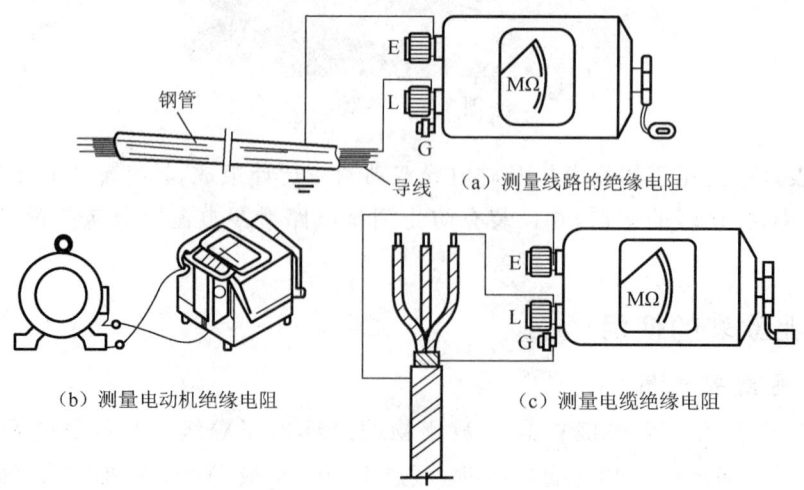

图3-22 兆欧表的接线方法

## （三）使用注意事项

（1）使用前应做开路和短路试验。使 L、E 两接线柱处在断开状态，摇动兆欧表，指针应指向"∞"；将 L 和 E 两个接线柱短接，慢慢地转动，指针应指向在"0"处。这两项都满足要求，说明兆欧表是好的。

开路试验。如图 3-23（a）所示，在兆欧表未接通被测电阻之前，摇动手柄使发电机达 120 r/min 的额定转速，观察指针是否指在标度尺"∞"的位置。

短路试验。如图 3-23（b）所示，将端钮 L 和 E 短接，缓慢摇动手柄，观察指针是否指在标度尺的"0"位置。

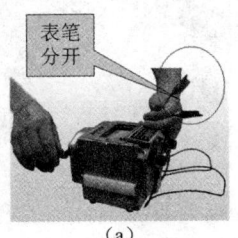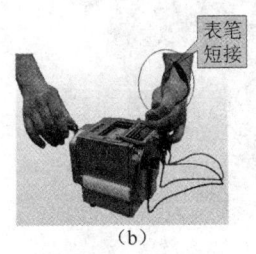

图 3-23　兆欧表的检查

（2）测量电气设备的绝缘电阻时，必须先切断电源，然后将设备进行放电，以保证人身安全和测量准确。

（3）兆欧表测量时应放在水平位置，并用力按住兆欧表，防止在摇动中晃动。摇动的转速为 120 r/min。

（4）引接线应采用多股软线，且要有良好的绝缘性能。两根引线切忌绞在一起，以免造成测量数据的不准确。

（5）测量完后应立即对被测物放电，在摇表的摇把未停止转动和被测物未放电前，不可用手去触及被测物的测量部分或拆除导线，以防触电。

1. 兆欧表有什么用途？
2. 兆欧表的开路试验和短路试验怎么做？
3. 兆欧表有几个接线柱？分别用什么符号来表示？
4. 如何使用兆欧表？

### 认识几种不同类型的兆欧表

#### （一）手摇式兆欧表

手摇式兆欧表（图 3-24）的电源为手摇发电机，测量机构为磁电式流比计。它的优点是比较方便,但缺点是输出电压难以保证。

### (二) 电动式兆欧表

电动式兆欧表(图 3-25)利用 6～12 V 干电池直流电压,经过直流变换器反馈、稳压后,得到一个稳定的直流输出电压(100～5 000 V),测量机构是一个简单的电流表头,为一个电动式(晶体管式)的绝缘电阻表。

图 3-24　手摇式兆欧表

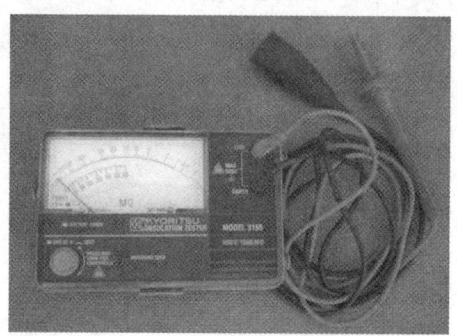

图 3-25　电动式兆欧表

### (三) 数字式兆欧表

数字式兆欧表(图 3-26)根据数字仪表的原理,采用 D/A 转换器将所测绝缘电阻值转换为数字显示,即数字绝缘电阻表。

### (四) 智能化兆欧表

智能化兆欧表(图 3-27)是在数字化的基础上,使用单片机研制智能化绝缘电阻表,测量数据采集、计时、计算、打印全部自动化。

图 3-26　数字式兆欧表

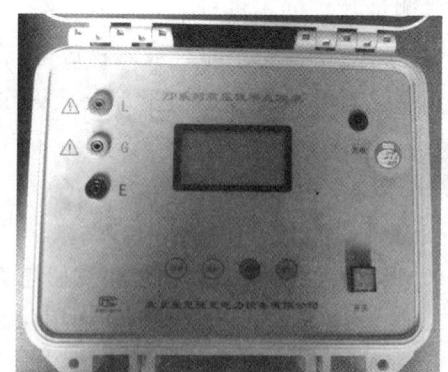

图 3-27　智能化兆欧表

### (五) 专用型兆欧表

专用型兆欧表(图 3-28)是用于双水内冷发电机测量定子绕组绝缘电阻表。它要求输出功率大,而且有补偿回路和测量回路输入端接地。

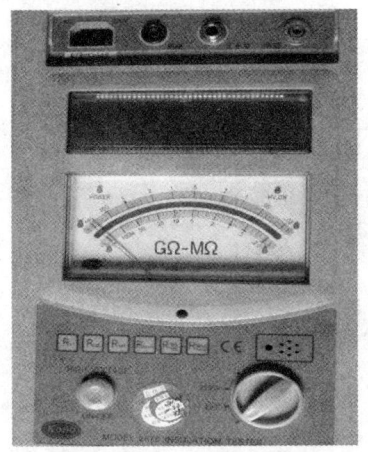

图 3-28 专用型兆欧表

## 第八节 检漏工具及其使用

### 学习目标

1. 熟悉卤素检漏仪的工作原理;
2. 掌握电子卤素检漏仪的使用方法。

制冷系统应是一个密封清洁的系统。在对系统完成吹除清污后,应对系统进行检漏。检漏的方法主要有压力检漏、真空检漏、充液检漏 3 种方法。

### 一、压力检漏

压力检漏就是在制冷系统中充入压缩空气或氮气,用肥皂水进行检漏。将肥皂水用棉纱纱布涂于被检部位并进行仔细观察,若有气泡出现即表明该处有泄漏。

（一）压力检漏设备和材料

氮气瓶、减压阀、检修组合表阀、洗洁精或肥皂、塑料盒、毛刷或海绵、电冰箱或小冷库设备、制冷系统压力试漏操作过程记录表。

（二）步骤

将减压阀安装到氮气瓶,并连接胶管,连接方式如图 3-29 所示。检查各高压检漏设备及场地。以空调器为例,将氮气减压器在氮气钢瓶上,用耐压软管连接充注组合表阀和减压阀。将高压侧软管接到空调器室外机的低压充注阀上,并打开阀门。

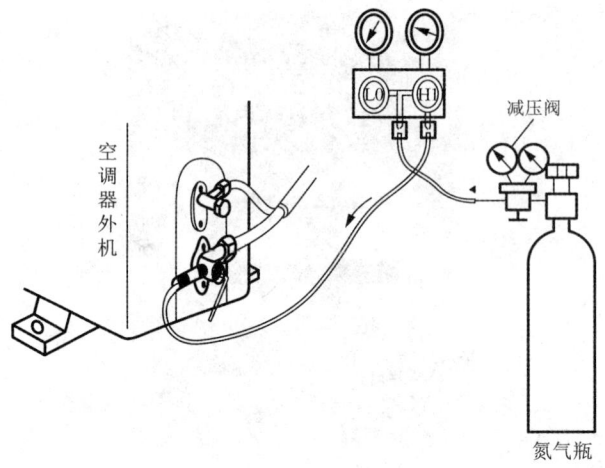

图 3-29 连接示意图

打开氮气瓶主阀,调整减压阀旋钮,将压力先升压到 0.3~0.5 MPa。先听一下有无气流泄漏声,然后用肥皂水或洗洁精用毛刷或海绵涂抹空调器各重点检查部位。检查有无泄漏,若发现冒起气泡,确认后修理。继续加压检漏,直至不再有冒泡处。再调整加压至低压系统试验压力(1.2 MPa 左右,视制冷剂种类变化),用肥皂水或洗洁精继续检测。确认无泄漏后,再升压至高压系统试验压力(1.8 MPa 左右,视制冷剂种类变化)再进行检查。检漏方法如图 3-30 所示。进行高压保压试

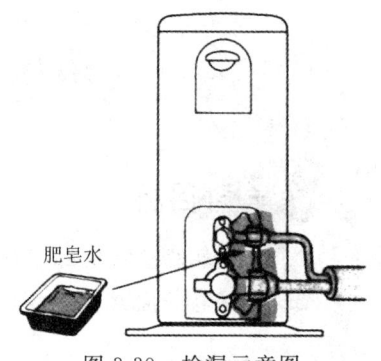

图 3-30 检漏示意图

验:肥皂水或洗洁精确认无泄漏后,将压力调至高压使用压力后计时,前 6 h 允许压力降 2%,后 18 h 无变化即为合格。

### (三)高压检漏操作注意事项

高压充氮检漏操作要严格按照压力容器注意事项操作。对系统实施压力检漏,必须使用氮气进行,严禁使用易燃易爆气体。严禁在压缩机工作的情况下充入气体检漏。在使用充氮接头进行充氮连接时,接头不得对着人和其他可能造成损害的地方,以免接头飞出伤人或导致其他损失。制冷系统试压期间的压力要求应与所用制冷剂工作压力相符合。肥皂水调制时,溶液不宜过稠,否则会因黏度过大而难以流动,检漏的敏感性就较差;但调制的溶液也不能过稀,否则会因流动性过大而不易黏附在设备表面上,难以形成气泡。肥皂水可用毛刷直接涂抹在易漏处,观察该部位是否起泡。对于不易直接观察的部位,可利用镜面反射和手电筒检查。检漏结束后,应将所涂的肥皂水擦干,以防腐蚀。在试压检漏中如发现系统有渗漏,需找出漏点,画上记号。待系统压力降至大气压力后才可补焊,不得在有压力的情况下进行补焊。

## 二、真空试漏

对于采用全封闭制冷压缩机的小型制冷空调装置,一般采用真空泵做真空试漏。

在压缩机的工艺管或回气管上设置的工艺管上接上带低压表的三通修理阀,三通修理阀接头用耐压胶管与真空泵(图3-31)相连。开启真空泵,运行5 min后停机。观察几分钟,检查压力是否明显回升。

重新开机抽真空,使系统的压力达到133 Pa以下,关闭三通修理阀阀门,停止真空泵的运行。放置12 h,观察真空表上的压力有无升高。若压力升高,说明系统有泄漏,需要采取充制冷剂试漏的方法检查微漏处。

图3-31　真空泵

### 三、充制冷剂试漏

采用压力试漏时,可以发现一些明显的泄漏点,但对一些极小的砂眼等微漏点不易察觉。为此,需对系统进行充制冷剂检漏。

#### (一) 卤素灯或卤素检漏仪检漏

1. 卤素灯检漏

点燃卤素灯,将吸气软管在检漏处缓慢移动。卤素灯在正常燃烧时,火焰呈蓝色。当被检处有氟利昂工质泄漏时,灯头的火焰颜色将发生明显变化,火焰可能是微绿色、淡绿色、深绿色。遇到泄漏量较大时,火焰呈紫色。当卤素灯产生冒烟时,表明氟利昂制冷剂大量泄漏,应停止使用卤素灯,因为氟利昂遇到火燃烧后会分解产生有毒的气体。

2. 卤素检漏仪检漏

卤素检漏仪是一种电子检漏仪,具有很高的灵敏度,有的灵敏度可达5 g/a(年泄漏量5 g)以下。因此,检漏时要求周围空气比较清新。灵敏度可调的检漏仪在轻度污染环境中使用,可选择适当的挡次进行检漏。检漏时首先打开电源开关,使探头与被检部保持3～5 mm的距离,移动速度不大于50 mm/s。当有泄漏时,检漏仪会发出蜂鸣报警。

#### (二) 外观检漏

制冷剂R22与冷冻油部分互溶,故而冷冻油同制冷剂在系统内部一起循环。若某处有泄漏,则冷冻油随之漏出,故从外观上可看出油迹,也可用干净的白纸擦拭检查。

### 知识拓展

#### 一、卤素检漏仪的工作原理

卤素检漏仪是利用卤素效应制成的检漏工具。所谓卤素效应,是指金属铂在一定温度下发生正离子发射,当遇到卤素气体时,正离子发射会急剧增加的特性。

卤素检漏仪通常用二极管为传感器,加热丝、阴极(外筒)和阳极(内筒)均用铂材制成。阳极被加热丝加热后发射正离子,被阴极接收的离子流由检流计或放大器指示出来,且有声光指示。其工作原理如图3-32所示。

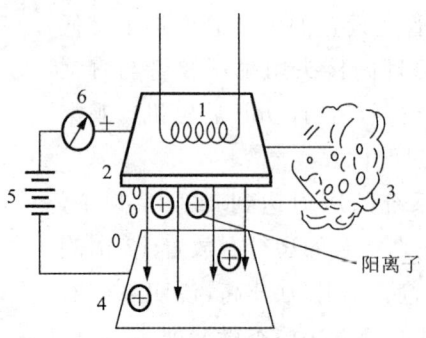

图 3-32 卤素检漏仪工作原理示意图
1—加热器；2—铂金；3—卤素气体；4—阴极；5—直流电源；6—阳极

## 二、电子卤素检漏仪操作步骤

电子卤素检漏仪是卤素检漏仪的一种。图 3-33 所示为 WJL-600 电子卤素检漏仪。电子卤素检漏仪操作步骤如下。

(1) 检漏前准备灵敏度调整，顺时针调节旋钮为高灵敏度，逆时针调节旋钮为低灵敏度。

(2) 保持开机状态 6 s，即可进行检漏操作。

(3) 管路检测：将传感器的探头靠近被检部分慢慢移动，卤素移动速率不大于 25～50 mm/s，探头距离被测表面不大于 5 mm。

(4) 检测出泄漏点。

图 3-33 WJL-6000 电子卤素检漏仪

## 三、电子卤素检漏仪使用注意事项

(1) 平时不使用要保持传感器的清洁，避免灰尘、油污和不要撞击传感器头部，更不要随意拆卸。

(2) 检查对象工质必须为电子卤素检漏仪测量范围功能内，系统压力＞0.3 MPa。

(3) 检测时，注意探头与可以点的距离，探头口微朝下，缓慢移动操作。检测探头应从待检测区域的上部向下部移动，这样容易找出泄漏点。

## 四、家用空调器制冷系统常见泄漏

(1) 蒸发器泄漏。

(2) 室内机连接处泄漏。

(3) 室外机截止阀泄漏。

(4) 室外压缩机"U"形管泄漏。

(5) 室外机毛细管震动磨漏。

(6) 管路凹瘪泄漏。

(7) 四通换向阀泄漏。

# 第四单元 制冷维修良好操作

## 第一节 国家政策法规

**学习目标**

1. 了解《蒙特利尔议定书》的内容；
2. 了解《京都议定书》的内容；
3. 知道国家消耗臭氧层物质管理条例。

**知识平台**

中国工商制冷行业进入制冷剂氢氯氟烃（HCFCs）淘汰计划第一阶段。2012年12月12日，格力、盾安环境等4家企业获得1 805万美元资金支持，将对10条制冷空调设备生产线进行改造，承诺淘汰3 064 t制冷剂R22。R22是中国目前应用量最大、应用范围最广的制冷剂。2011年7月，中国提交的聚氨酯泡沫、挤出聚苯乙烯泡沫（XPS）、房间空调器、工商制冷、制冷维修等行业第一阶段HCFCs淘汰计划，在《蒙特利尔议定书》第六十四次多边基金执委会上通过，并获得项目资金2.65亿美元。

中国自1991年签订《蒙特利尔议定书》，履约工作已进入全面淘汰HCFCs阶段。根据规定，中国2013年需将HCFCs产量和消费量冻结到2009年和2010年平均基线水平；到2015年，削减10%；2020年，削减35%；2025年，削减67.5%；到2030年，除少量（2.5%）用于制冷维修外，全面淘汰。

作为全球最大的空调生产基地，全世界都在关注中国的HCFC替代技术和实施计划。我国在《蒙特利尔议定书》上承诺2030年实现除维修和特殊用途外完全淘汰HCFC产品的使用。目前，为履行国家对世界的承诺，环保部正式启动了HCFC淘汰行动，吹响了制冷剂替代的号角。国内空调企业如何提高技术、布局制冷剂替代之战，成为目前热议的话题。

### 一、《蒙特利尔议定书》

《蒙特利尔议定书》全名为《蒙特利尔破坏臭氧层物质管制议定书》（*Montreal Protocol on Substances that Depletethe Ozone Layer*），是联合国为了避免工业产品中的氟氯碳化物对地球臭氧层继续造成恶化及损害，承续1985年保护臭氧层维也纳公约的大原则，于1987年9月16日邀请所属26个会员国在加拿大蒙特利尔所签署的环境保护议定书。该公约自1989年1月1日起生效。

《蒙特利尔议定书》中对 CFC-11、CFC-12、CFC-113、CFC-114、CFC-115 等 5 项氟氯碳化物及 3 项哈龙(Halon)的生产做了严格的管制规定,并规定各国有共同努力保护臭氧层的义务:凡是对臭氧层有不良影响的活动,各国均应采取适当防治措施。影响的层面涉及电子光学清洗剂、冷气机、发泡剂、喷雾剂、灭火器等。此外,在《蒙特利尔议定书》中决定成立多边信托基金,援助发展中国家进行技术转移。在《蒙特利尔议定书》中,虽然规定将氟氯碳化物的生产冻结在 1986 年的规模,并要求发达国家在 1988 年减少 50% 的制造;同时,自 1994 年起禁止哈龙的生产。但是 1988 年的春天,美国国家航空航天局发表了《全球臭氧趋势报告》,报告中指出全球遭破坏的臭氧层并不仅止于南极与北极的上空,也间接证实了《蒙特利尔议定书》对于氟氯碳化物的管制仍嫌不足。

(一) 签订历程

《保护臭氧层维也纳公约》签署 2 个月后,英国南极探险队队长法曼宣布,自从 1977 年开始观察南极上空以来,每年都在 9~11 月发现有"臭氧空洞"。这个发现引起举世震惊。1985 年 9 月,为制定实质性控制措施的议定书,UNEP 组织召开了专题讨论会。同年 10 月,决定成立保护臭氧层工作组,从事制定议定书的工作。

1987 年 9 月,由 UNEP 组织的"保护臭氧层公约关于含氯氟烃议定书全权代表大会"在加拿大蒙特利尔市召开。出席会议的有 36 个国家、10 个国际组织的 140 名代表和观察员,中国政府也派代表参加了会议。

同年 9 月 16 日,24 个国家签署了《关于消耗臭氧层物质的蒙特利尔议定书》(以下简称《议定书》)。中国政府认为《议定书》没有体现出发达国家是排放 CFCs 造成臭氧层耗减的主要责任者,对发展中国家提出的要求不公平,所以当时没有签订这个议定书。

由于保护臭氧层形势发展的需要,加上《议定书》制定时未能充分反映发展中国家的意见,在 1989 年 5 月赫尔辛基缔约方第一次会议之后,80 个国家代表齐聚赫尔辛基,开始了《议定书》的修正工作。其间,同意尽早将蒙特利尔议定书中列管的化学物质逐步汰换,但是绝不晚于 2000 年。

(二) 各国状况

瑞典是第一个跨越书面背书,且加速进行废除使用氟氯碳化物时间表的国家。1998 年 6 月,瑞典国会通过在 1995 年禁用氟氯碳化物的立法。经过与工业界广泛的讨论后,瑞典政府订定逐步汰换冷冻灭菌剂和在 1988 年以前仍可继续使用氟氯碳化物喷剂的时间表,其用于包装的年限为 1989 年;溶剂及泡绵的使用年限为 1991 年,其用于硬泡绵、干洗及冷却剂的最晚年限为 1994 年。瑞典使用氟氯碳化物的量其实仅占全世界的 1%,所以对其他国家而言,尤其那些大宗使用者,将瑞典视为主要典范来学习追随的。

1990 年 6 月,在伦敦召开的缔约方第 2 次会议通过了《议定书》修正案。由于修正案基本上反映了发展中国家的意愿,包括印度在内的许多发展中国家,都纷纷表示将加入修正后的《议定书》。中国代表团在会上也表示将建议我国政府尽快加入修正后的《议定书》。

1991 年 6 月 14 日,中国政府驻联合国代表团将加入修正后《议定书》的文件交给联合国秘书长。在缔约方第三次会议上,中国政府代表团宣布了中国政府正式加入修正后《议定书》的决定。

《议定书》在前言中指出,有关消耗臭氧层物质生产和使用过程中的排放对臭氧层破坏产生直接的作用,进而对人类健康和环境造成了较大的负面影响。基于预防审慎原则,国际社会应采取行动淘汰这些物质,加强研究和开发替代品。

### (三) 主要内容

该《议定书》在前言中指出有关消耗臭氧层物质生产和使用过程中的排放对臭氧层破坏产生直接的作用,因而对人类健康和环境造成了较大的负面影响。基于预防审慎原则,国际社会应采取行动淘汰这些物质,加强研究和开发替代品。这里特别指出有关控制措施必须考虑发展中国家的特殊情况,特别是其资金和技术需求。前言中同时也强调任何措施应基于科学和研究结果,并考虑有关经济和技术因素。

《议定书》中重点规定了第二条国家和第五条国家在淘汰有关 ODS 的时间表。有关受控物质和淘汰时间表是在议定书及其有关修正案中规定的,只有批准加入某修正案的国家才履行受控义务。

这里要特别指出的是,考虑发展中国家的特殊需求,在伦敦修正案中加入了建立多边基金这一条款,中国代表团对该资金的建立做出不可磨灭的贡献。多边基金每 3 年进行增资,由多边基执委会决定各国项目资助额。

议定书中同时也对有关技术转让做出了规定。要求各国迅速以优惠的条件向有关国家转让环境有益技术。议定书确定缔约国大会为其决策机制,缔约方会议每年召开一次。议定书附件中列出了各种受控物质,并根据缔约方会议的有关决定进行更新。

《议定书》的主要内容如下。

1. 规定了受控物质的种类

受控物质以附件 A 的形式表示,有两类共 8 种。第一类为 5 种 CFCs;第二类为 3 种哈龙。

2. 规定了控制限额的基准

受控的内容包括受控物质的生产量和消费量,其中,消费量是按生产量加进口量并减去出口量计算的。《议定书》规定了生产量和消费量的起始控制限额的基准:发达国家生产量与消费量的起始控制限额都以 1986 年的实际发生数为基准;发展中国家(1986 年人均消费量小于 0.3 kg 的国家,即所谓的第五条第一款国家)都以 1995—1997 年实际发生的 3 年平均数或每年人均 0.3 kg,取其低者为基准。

3. 规定了控制时间

发达国家的开始控制时间,对于第一类受控制物质(CFCs),其消费量自 1989 年 7 月 1 日起,生产量自 1990 年 7 月 1 日起,每年不得超过上述限额基准。1993 年 7 月 1 日起,每年不得超过限额基准的 80%。自 1998 年 7 月 1 日起,每年不得超过限额基准的 50%。对于第二类受控物质(哈龙),其消费量和生产量自 1992 年 1 月 1 日起,每年不得超过限额基准。发展中国家的控制时间表比发达国家相应延迟 10 年。

4. 确定了评估机制

《议定书》规定从 1990 年起,其后至少每 4 年各缔约方应根据可以取得的科学、环境、技术和经济资料,对规定的控制措施进行一次评估。《议定书》至今已经过了 4 次修正和 2 次重要调整。

## 5.《议定书》的序言和附件

(原《议定书》于1987年9月16日订于蒙特利尔,经1990年6月27日至29日在伦敦召开的缔约国第二次会议调整和修正,并经1991年6月19日至21日在内罗毕召开的缔约国第三次会议进一步修正)

本议定书各缔约国,

作为《保护臭氧层维也纳公约》的缔约国,

铭记着它们根据该公约有义务采取适当措施保护人类健康和环境,使其免受足以改变或可能改变臭氧层的人类活动所造成的或可能造成的不利影响,

认识到全世界某些物质的排放会大大消耗和以其他方式改变臭氧层。对人类健康和环境可能带来不利影响,

念及这些物质的排放对气候的可能影响。

意识到为保护臭氧层不致耗损所采取的措施应依据有关的科学知识,并顾及到技术和经济考虑,

决心采取公平地控制消耗臭氧层物质全球排放总量的预防措施,以保护臭氧层,而最终目的则是根据科学知识的发展,考虑到技术和经济方面,并铭记发展中国家的发展需要,彻底清除此种排放,

认识到必须做出特别安排,满足发展中国家[对这些物质]的需要,包括提供额外的资金和取得有关技术,考虑到所需资金款额可以预期,且此项资金将大大提高世界处理科学断定的臭氧消耗及其有害影响问题的能力,

注意到国家和区域两级上已经采取的控制某些氟氯化碳排放的预防措施,

考虑到必须在控制和削减消耗臭氧层的物质排放的[科学和技术的研究和发展]替代技术的研究、开发和转让方面促进国际合作,特别要铭记发展中国家的需要,

兹议定条款如下。

### 附件 A 控制物质

| 类别 | 物质 | 消耗臭氧潜能值 |
| --- | --- | --- |
| 第一类 | $CFCl_3$(CFC-11) | 1.0 |
| | $CF_2Cl_2$(CFC-12) | 1.0 |
| | $C_2F_3Cl_3$(CFC-113) | 0.8 |
| | $C_2F_4Cl_2$(CFC-114) | 1.0 |
| | $C_2F_5Cl$(CFC-115) | 0.6 |
| 第二类 | $CF_2BrCl$(halon-1211) | 3.0 |
| | $CF_3Br$(halon-1301) | 10.0 |
| | $C_2F_4Br_2$(halon-2402) | 6.0 |

## 附件 B 控制物质

| 类别 | 物质 | 消耗臭氧潜能值 |
|---|---|---|
| 第一类 | $CF_3Cl$(CFC-13) | 1.0 |
| | $C_2FCl_2$(CFC-111) | 1.0 |
| | $C_2F_2Cl_4$(CFC-112) | 1.0 |
| | $C_3FCl_7$(CFC-211) | 1.0 |
| | $C_3F_2Cl_6$(CFC-212) | 1.0 |
| | $C_3F_3Cl_5$(CFC-213) | 1.0 |
| | $C_3F_4Cl_4$(CFC-214) | 1.0 |
| | $C_3F_5Cl_3$(CFC-215) | 1.0 |
| | $C_3F_6Cl_2$(CFC-216) | 1.0 |
| | $C_3F_7Cl$(CFC-217) | 1.0 |
| 第二类 | $CCl_4$ 四氟化碳 | 1.1 |
| 第三类 | $C_2H_3Cl_3$* 1,1,1-三氯乙烷(甲基氯仿) | 1.0 |

\* 本分子式并不指1,1,2-三氯乙烷

## 附件 C 过渡物质

| 类别 | 物质 |
|---|---|
| 第一类 | $CHFCl_2$(HCFC-21) |
| | $CHF_2Cl$(HCFC-22) |
| | $CH_2FCl$(HCFC-31) |
| | $C_2HFCl_4$(HCFC-121) |
| | $C_2HF_2Cl_3$(HCFC-122) |
| | $C_2HF_3Cl_2$(HCFC-123) |
| | $C_2HF_4Cl$(HCFC-124) |
| | $C_2H_2FCl_3$(HCFC-131) |
| | $C_2H_2FCl_2$(HCFC-132) |
| | $C_2H_2F_3Cl$(HCFC-133) |
| | $C_2H_3FCl_2$(HCFC-141) |
| | $C_2H_3F_2Cl$(HCFC-142) |
| | $C_2H_4FCl$(HCFC-151) |
| | $C_3HFCl_6$(HCFC-221) |
| | $C_3HF_2Cl_5$(HCFC-222) |
| | $C_3HF_3Cl_4$(HCFC-223) |
| | $C_3HF_4Cl_3$(HCFC-224) |

续表

| 类别 | 物　质 |
|---|---|
| 第一类 | $C_3HF_5Cl_2$(HCFC-225) |
| | $C_3HF_6Cl$(HCFC-226) |
| | $C_3H_2FCl_5$(HCFC-231) |
| | $C_3H_2F_2Cl_4$(HCFC-232) |
| | $C_3H_2F_2Cl_3$(HCFC-233) |
| | $C_3H_2F_2Cl_3$(HCFC-233) |
| | $C_3H_2F_4Cl_2$(HCFC-234) |
| | $C_3H_2F_5Cl$(HCFC-235) |
| | $C_3H_3FCl_4$(HCFC-241) |
| | $C_3H_3F_2Cl_3$(HCFC-242) |
| | $C_3H_2F_2Cl_3$(HCFC-233) |
| | $C_3H_3FCl_4$(HCFC-241) |
| | $C_3H_3F_2Cl_3$(HCFC-242) |
| | $C_3H_3F_3Cl_2$(HCFC-243) |
| | $C_3H_3F_4Cl$(HCFC-244) |
| | $C_3H_4FCl_3$(HCFC-251) |
| | $C_3H_4F_2Cl_2$(HCFC-252) |
| | $C_3H_4F_3Cl$(HCFC-253) |
| | $C_3H_5FCl_2$(HCFC-261) |
| | $C_3H_5F_2Cl$(HCFC-262) |
| | $C_3H_6FCl$(HCFC-271) |

### （四）成功原因

（1）概念简单，无冲突余地，没有哪个国家可以从臭氧层变薄中看到什么益处。

（2）氯氟烃的生产国少，只需几个国家下决心即可。

（3）科学依据十分明确。

（4）替代技术发展快。

### （五）修正调整

《议定书》至今已经过了4次修正和2次调整。它们分别是1990年6月在伦敦召开的第二次缔约方会议上形成的《伦敦修正案》、1992年11月在哥本哈根召开的第四次缔约方会议上形成的《哥本哈根修正案》、1997年9月在蒙特利尔召开的第九次缔约方会议上形成的《蒙特利尔修正案》、1999年11月在北京召开的第十一次缔约方会议上形成的《北京修正案》、1995年12月在维也纳召开的第七次缔约方会议上形成的《维也纳调整案》和1997年在蒙特利尔召开的第九次缔约方会议上形成的《蒙特利尔调整案》。

《议定书》及不同的修正案中规定了相关的受控物质和淘汰时间表,只有批准加入某修正案的国家才履行该修正案提出的受控义务。截至 2002 年 2 月,有 183 个国家批准加入了《议定书》,163 个国家批准加入了《议定书》伦敦修正案,140 个国家批准加入了《议定书》哥本哈根修正案,78 个国家批准加入了《议定书》蒙特利尔修正案,27 个国家加入了《议定书》北京修正案。

在若干修正案与调整案之中,对发展中国家具有最重要意义的当属《伦敦修正案》。《伦敦修正案》把原《议定书》中第十条"技术援助"改为"基金机制",规定缔约方应设置一个机制,建立一个多边基金,由不属于第五条第一款行事的缔约方捐款,向按第五条第一款行事的缔约方提供财务及技术合作。多边基金在缔约方权力下设置一个执行委员会,制定并监督具体业务政策、指导方针和行政安排的实施。还明确指出,每一缔约方应配合基金机制,在公平和最有利的条件下,确保向按第五条第一款行事的国家迅速转让替代物和有关技术。

## 二、京都议定书

《京都议定书》(Kyoto Protocol,又译《京都协议书》《京都条约》;全称《联合国气候变化框架公约的京都议定书》)是《联合国气候变化框架公约》(United Nations Framework Convention on Climate Change,UNFCCC)的补充条款,是 1997 年 12 月在日本京都由《联合国气候变化框架公约》参加国三次会议制定的。其目标是"将大气中的温室气体含量稳定在一个适当的水平,进而防止剧烈的气候改变对人类造成伤害"。

政府间气候变化专门委员会(Intergovernmental Panel on Climate Change,简称 IPCC)已经预计从 1990—2100 年,全球气温将升高 1.4 ℃～5.8 ℃。评估显示,《京都议定书》如果能被彻底完全的执行,到 2050 年之前仅可以把气温的升幅减少 0.02 ℃～0.28 ℃,正因为如此,许多批评家和环保主义者质疑京都议定书的价值,认为其标准定得太低,根本不足以应对未来的严重危机。而支持者们指出京都议定书只是第一步,为了达到 UNFCCC 的目标今后还要继续修改完善,直到达到 UNFCCC 4.2(d)规定的要求为止。

### (一)背景

1997 年 12 月条约在日本京都通过,并于 1998 年 3 月 16 日至 1999 年 3 月 15 日间开放签字,共有 84 国签署。条约于 2005 年 2 月 16 日开始强制生效。到 2009 年 2 月,一共有 183 个国家通过了该条约。这些国家的温室气体排放量占全球排放量的 61% 以上。

条约规定,它在"不少于 55 个参与国签署该条约并且温室气体排放量达到附件中规定国家在 1990 年总排放量的 55% 后的第 90 天"开始生效。这两个条件中,"55 个国家"在 2002 年 5 月 23 日当冰岛通过后首先达到。2004 年 12 月 18 日,俄罗斯通过了该条约后,达到了"55%"的条件。条约在 90 天后于 2005 年 2 月 16 日开始强制生效。

### (二)目标

《京都议定书》的签署是为了人类免受气候变暖的威胁。发达国家从 2005 年开始承担减少碳排放量的义务,而发展中国家则从 2012 年开始承担减排义务。《京都议定书》需要在占全球温室气体排放量55%以上的至少55个国家批准,才能成为具有法律约束力的国际公约。中国于1998年5月签署并于2002年8月核准了该议定书。欧盟及其成员国于2002年5月31日正式批准了《京都议定书》。2004年11月5日,俄罗斯总统普京在《京都议定书》上签字,使其正式成为俄罗斯的法律文本。截至2005年8月13日,全球已有142个国家和地区签署该议定书,其中包括30个工业化国家,批准国家的人口数量占全世界总人口的80%。

(三)减排

2005年2月16日,《京都议定书》正式生效。这是人类历史上首次以法规的形式限制温室气体排放。为了促进各国完成温室气体减排目标,议定书允许采取以下4种减排方式。

(1)两个发达国家之间可以进行排放额度买卖的"排放权交易",即难以完成削减任务的国家,可以花钱从超额完成任务的国家买进超出的额度。

(2)以"净排放量"计算温室气体排放量,即从本国实际排放量中扣除森林所吸收的二氧化碳的数量。

(3)可以采用绿色开发机制,促使发达国家和发展中国家共同减排温室气体。

(4)可以采用"集团方式",即欧盟内部的许多国家可视为一个整体,采取有的国家削减、有的国家增加的方法,在总体上完成减排任务。

(四)附件(部分)

**附件A**

温室气体

二氧化碳($CO_2$)

甲烷($CH_4$)

氧化亚氮($N_2O$)

氢氟碳化物(HFCs)

全氟化碳(PFCs)

六氟化硫($SF_6$)

**附件B**

| 缔约方 | 缔约方量化的限制或减少排放的承诺(基准年或基准期百分比) |
| --- | --- |
| 澳大利亚 | 108 |
| 奥地利 | 92 |
| 比利时 | 92 |
| 保加利亚 | 92 |
| 加拿大 | 94 |
| 捷克共和国 | 95 |
| 丹麦 | 92 |

续表

| 缔约方 | 缔约方量化的限制或减少排放的承诺(基准年或基准期百分比) |
|---|---|
| 欧洲联盟 | 92 |
| 芬兰 | 92 |
| 法国 | 92 |
| 德国 | 92 |
| 希腊 | 92 |
| 意大利 | 92 |
| 日本 | 94 |
| 大不列颠及北爱尔兰联合王国 | 92 |
| 美利坚合众国 | 93 |

### (四)履行情况及各国(组织)反应

(1)俄罗斯。普京于2004年12月4日签署了该协议,俄罗斯于12月18日正式通知联合国签署了京都议定书。但俄罗斯政府一直认为俄罗斯应当从附件一国家的名单中除去,在谈判会议中不时设置障碍,不承担《京都议定书》第二承诺期的责任。俄罗斯尽管在各种场合不是很积极地带头公开反对,但是立场非常明确。俄罗斯是《京都议定书》第二承诺期的坚定反对派。

(2)欧盟。在对《京都议定书》的签署问题上,欧盟内部几乎没有任何争议,并一直致力于说服那些立场摇摆的国家加入条约。但欧盟在哥本哈根会议以后,失去了持续扮演领导者角色的激情,在气候变化谈判中,没有发挥积极的作用。欧盟仍然维持20%的低目标,尽管欧盟在《京都议定书》第二承诺期的问题上表现中立,但是他的20%的减排目标,是给《京都议定书》第二承诺期的背后插上了温柔一刀。

(3)美国。美国政府1997年在《京都议定书》上签字,但美国参议院没有核准。美国是最早退出《京都议定书》的国家。1998年11月12日,参加谈判的副总统戈尔象征性地签了字。考虑到参议院当时的态度不可能通过该条约,克林顿政府没有将议定书提交国会审议。

(4)加拿大。加拿大政府在2020年的减排目标的承诺上,不是提高而是降低了目标。加拿大是哥本哈根会议后,第一个将承诺目标降低的国家,目标是2020年在2005年的基础上降低17%,等效于2020年在1990年的基础上增加3%。加拿大也是《京都议定书》第二承诺期的坚定的反对派。2011年12月12日,加拿大环境部长彼得·肯特宣布加拿大正式退出《京都议定书》。

(5)澳大利亚。澳大利亚政府加入《京都议定书》最迟,在实施《京都议定书》的要求时三心二意,在气候变化谈判中经常敲边鼓,对《京都议定书》第二承诺期不做承诺。澳大利亚是《京都议定书》第二承诺期的温和反对派。

(6)日本。日本已经成为《京都议定书》第二承诺期的坚定反对派。2009年日本政府就隐隐约约地表明《京都议定书》没有第二承诺期。在坎昆会议期间,日本政府代表

团高级官员清晰地发出了这个信号,只不过在随后的外交语言中加以修正,不直接明了地表白。在2011年波恩会议上,日本代表团成员一改以往闪烁其词的回答,而是重复申明,日本政府拒绝《京都议定书》第二承诺期的立场是明确和坚定的。

### (五)退出

2001年3月,美国布什政府以"减少温室气体排放将会影响美国经济发展"和"发展中国家也应该承担减排和限排温室气体的义务"为借口,宣布拒绝批准《京都议定书》。2011年12月,加拿大环境部长肯特表示,当年决定加入《京都议定书》是一个错误的决定。由于《议定书》的减排控制纲要并不适用于美国和中国这两个最大的气体排放国,所以注定会失败,而加拿大也决定退出。他指加拿大支持在南非德班气候会议中达成的新减排协议,又认为减排应该是全球共同行动,所有国家也要受到约束。当月,加拿大宣布退出《京都议定书》。

## 三、消耗臭氧层物质管理条例

《消耗臭氧层物质管理条例》是2010年3月24日国务院第104次常务会议通过,2010年4月8日中华人民共和国国务院令573号公布,自2010年6月1日起施行。法规为了加强对消耗臭氧层物质的管理,履行《保护臭氧层维也纳公约》和《关于消耗臭氧层物质的蒙特利尔议定书》规定的义务,保护臭氧层和生态环境,保障人体健康而编制。

### (一)文件背景

大气平流层中的臭氧层可以吸收绝大部分有害的紫外线,使地球生物免受危害。但人类大量使用的一些人造化学品严重破坏了臭氧层,导致大量有害的紫外线直射地球,给地球生物和生态环境带来严重损害。科学界把这些破坏臭氧层的化学品统称为消耗臭氧层物质。

为了保护臭氧层,逐步淘汰消耗臭氧层物质,国际社会分别于1985年和1987年签署了《保护臭氧层维也纳公约》(以下简称《公约》)和《关于消耗臭氧层物质的蒙特利尔议定书》(以下简称《议定书》)。我国分别于1989年和1991年加入了《公约》和《议定书》。20年来,我国认真履行《公约》和《议定书》规定的义务,淘汰消耗臭氧层物质工作成效显著。根据《议定书》的要求,我国将在2030年前完成所有消耗臭氧层物质的淘汰任务。目前,我国正处于经济社会转型时期,通过立法减少并逐步淘汰消耗臭氧层物质的大量使用具有重要的意义。

### (二)《消耗臭氧层物质管理条例》全文

#### 第一章 总 则

第一条 为了加强对消耗臭氧层物质的管理,履行《保护臭氧层维也纳公约》和《关于消耗臭氧层物质的蒙特利尔议定书》规定的义务,保护臭氧层和生态环境,保障人体健康,根据《中华人民共和国大气污染防治法》,制定本条例。

第二条 本条例所称消耗臭氧层物质,是指对臭氧层有破坏作用并列入《中国受控消耗臭氧层物质清单》的化学品。

《中国受控消耗臭氧层物质清单》由国务院环境保护主管部门会同国务院有关部门制定、调整和公布。

第三条　在中华人民共和国境内从事消耗臭氧层物质的生产、销售、使用和进出口等活动,适用本条例。

前款所称生产,是指制造消耗臭氧层物质的活动。前款所称使用,是指利用消耗臭氧层物质进行的生产经营等活动,不包括使用含消耗臭氧层物质的产品的活动。

第四条　国务院环境保护主管部门统一负责全国消耗臭氧层物质的监督管理工作。

国务院商务主管部门、海关总署等有关部门依照本条例的规定和各自的职责负责消耗臭氧层物质的有关监督管理工作。

县级以上地方人民政府环境保护主管部门和商务等有关部门依照本条例的规定和各自的职责负责本行政区域消耗臭氧层物质的有关监督管理工作。

第五条　国家逐步削减并最终淘汰作为制冷剂、发泡剂、灭火剂、溶剂、清洗剂、加工助剂、杀虫剂、气雾剂、膨胀剂等用途的消耗臭氧层物质。

国务院环境保护主管部门会同国务院有关部门拟订《中国逐步淘汰消耗臭氧层物质国家方案》(以下简称国家方案),报国务院批准后实施。

第六条　国务院环境保护主管部门根据国家方案和消耗臭氧层物质淘汰进展情况,会同国务院有关部门确定并公布限制或者禁止新建、改建、扩建生产、使用消耗臭氧层物质建设项目的类别,制定并公布限制或者禁止生产、使用、进出口消耗臭氧层物质的名录。

因特殊用途确需生产、使用前款规定禁止生产、使用的消耗臭氧层物质的,按照《关于消耗臭氧层物质的蒙特利尔议定书》有关允许用于特殊用途的规定,由国务院环境保护主管部门会同国务院有关部门批准。

第七条　国家对消耗臭氧层物质的生产、使用、进出口实行总量控制和配额管理。国务院环境保护主管部门根据国家方案和消耗臭氧层物质淘汰进展情况,商国务院有关部门确定国家消耗臭氧层物质的年度生产、使用和进出口配额总量,并予以公告。

第八条　国家鼓励、支持消耗臭氧层物质替代品和替代技术的科学研究、技术开发和推广应用。

国务院环境保护主管部门会同国务院有关部门制定、调整和公布《中国消耗臭氧层物质替代品推荐名录》。

开发、生产、使用消耗臭氧层物质替代品,应当符合国家产业政策,并按照国家有关规定享受优惠政策。国家对在消耗臭氧层物质淘汰工作中做出突出成绩的单位和个人给予奖励。

第九条　任何单位和个人对违反本条例规定的行为,有权向县级以上人民政府环境保护主管部门或者其他有关部门举报。接到举报的部门应当及时调查处理,并为举报人保密;经调查情况属实的,对举报人给予奖励。

## 第二章 生产、销售和使用

**第十条** 消耗臭氧层物质的生产、使用单位,应当依照本条例的规定申请领取生产或者使用配额许可证。但是,使用单位有下列情形之一的,不需要申请领取使用配额许可证:

(一)维修单位为了维修制冷设备、制冷系统或者灭火系统使用消耗臭氧层物质的;

(二)实验室为了实验分析少量使用消耗臭氧层物质的;

(三)出入境检验检疫机构为了防止有害生物传入传出使用消耗臭氧层物质实施检疫的;

(四)国务院环境保护主管部门规定的不需要申请领取使用配额许可证的其他情形。

**第十一条** 消耗臭氧层物质的生产、使用单位除具备法律、行政法规规定的条件外,还应当具备下列条件:

(一)有合法生产或者使用相应消耗臭氧层物质的业绩;

(二)有生产或者使用相应消耗臭氧层物质的场所、设施、设备和专业技术人员;

(三)有经环境保护主管部门验收合格的环境保护设施;

(四)有健全完善的生产经营管理制度。

将消耗臭氧层物质用于本条例第六条规定的特殊用途的单位,不适用前款第(一)项的规定。

**第十二条** 消耗臭氧层物质的生产、使用单位应当于每年10月31日前向国务院环境保护主管部门书面申请下一年度的生产配额或者使用配额,并提交其符合本条例第十一条规定条件的证明材料。

国务院环境保护主管部门根据国家消耗臭氧层物质的年度生产、使用配额总量和申请单位生产、使用相应消耗臭氧层物质的业绩情况,核定申请单位下一年度的生产配额或者使用配额,并于每年12月20日前完成审查,符合条件的,核发下一年度的生产或者使用配额许可证,予以公告,并抄送国务院有关部门和申请单位所在地省、自治区、直辖市人民政府环境保护主管部门;不符合条件的,书面通知申请单位并说明理由。

**第十三条** 消耗臭氧层物质的生产或者使用配额许可证应当载明下列内容:

(一)生产或者使用单位的名称、地址、法定代表人或者负责人;

(二)准予生产或者使用的消耗臭氧层物质的品种、用途及其数量;

(三)有效期限;

(四)发证机关、发证日期和证书编号。

**第十四条** 消耗臭氧层物质的生产、使用单位需要调整其配额的,应当向国务院环境保护主管部门申请办理配额变更手续。

国务院环境保护主管部门应当依照本条例第十一条、第十二条规定的条件和依据进行审查,并在受理申请之日起20个工作日内完成审查,符合条件的,对申请单位的配额进行调整,并予以公告;不符合条件的,书面通知申请单位并说明理由。

**第十五条** 消耗臭氧层物质的生产单位不得超出生产配额许可证规定的品种、数量、期限生产消耗臭氧层物质,不得超出生产配额许可证规定的用途生产、销售消耗臭氧层物质。

禁止无生产配额许可证生产消耗臭氧层物质。

第十六条　依照本条例规定领取使用配额许可证的单位,不得超出使用配额许可证规定的品种、用途、数量、期限使用消耗臭氧层物质。

除本条例第十条规定的不需要申请领取使用配额许可证的情形外,禁止无使用配额许可证使用消耗臭氧层物质。

第十七条　消耗臭氧层物质的销售单位,应当按照国务院环境保护主管部门的规定办理备案手续。

国务院环境保护主管部门应当将备案的消耗臭氧层物质销售单位的名单进行公告。

第十八条　除依照本条例规定进出口外,消耗臭氧层物质的购买和销售行为只能在符合本条例规定的消耗臭氧层物质的生产、销售和使用单位之间进行。

第十九条　从事含消耗臭氧层物质的制冷设备、制冷系统或者灭火系统的维修、报废处理等经营活动的单位,应当向所在地县级人民政府环境保护主管部门备案。

专门从事消耗臭氧层物质回收、再生利用或者销毁等经营活动的单位,应当向所在地省、自治区、直辖市人民政府环境保护主管部门备案。

第二十条　消耗臭氧层物质的生产、使用单位,应当按照国务院环境保护主管部门的规定采取必要的措施,防止或者减少消耗臭氧层物质的泄漏和排放。

从事含消耗臭氧层物质的制冷设备、制冷系统或者灭火系统的维修、报废处理等经营活动的单位,应当按照国务院环境保护主管部门的规定对消耗臭氧层物质进行回收、循环利用或者交由从事消耗臭氧层物质回收、再生利用、销毁等经营活动的单位进行无害化处置。

从事消耗臭氧层物质回收、再生利用、销毁等经营活动的单位,应当按照国务院环境保护主管部门的规定对消耗臭氧层物质进行无害化处置,不得直接排放。

第二十一条　从事消耗臭氧层物质的生产、销售、使用、回收、再生利用、销毁等经营活动的单位,以及从事含消耗臭氧层物质的制冷设备、制冷系统或者灭火系统的维修、报废处理等经营活动的单位,应当完整保存有关生产经营活动的原始资料至少3年,并按照国务院环境保护主管部门的规定报送相关数据。

## 第三章　进出口

第二十二条　国家对进出口消耗臭氧层物质予以控制,并实行名录管理。国务院环境保护主管部门会同国务院商务主管部门、海关总署制定、调整和公布《中国进出口受控消耗臭氧层物质名录》。

进出口列入《中国进出口受控消耗臭氧层物质名录》的消耗臭氧层物质的单位,应当依照本条例的规定向国家消耗臭氧层物质进出口管理机构申请进出口配额,领取进出口审批单,并提交拟进出口的消耗臭氧层物质的品种、数量、来源、用途等情况的材料。

第二十三条　国家消耗臭氧层物质进出口管理机构应当自受理申请之日起20个工作日内完成审查,做出是否批准的决定。予以批准的,向申请单位核发进出口审批单;未予批准的,书面通知申请单位并说明理由。

进出口审批单的有效期最长为90日,不得超期或者跨年度使用。

第二十四条 取得消耗臭氧层物质进出口审批单的单位,应当按照国务院商务主管部门的规定申请领取进出口许可证,持进出口许可证向海关办理通关手续。列入《出入境检验检疫机构实施检验检疫的进出境商品目录》的消耗臭氧层物质,由出入境检验检疫机构依法实施检验。

消耗臭氧层物质在中华人民共和国境内的海关特殊监管区域、保税监管场所与境外之间进出的,进出口单位应当依照本条例的规定申请领取进出口审批单、进出口许可证;消耗臭氧层物质在中华人民共和国境内的海关特殊监管区域、保税监管场所与境内其他区域之间进出的,或者在上述海关特殊监管区域、保税监管场所之间进出的,不需要申请领取进出口审批单、进出口许可证。

## 第四章 监督检查

第二十五条 县级以上人民政府环境保护主管部门和其他有关部门,依照本条例的规定和各自的职责对消耗臭氧层物质的生产、销售、使用和进出口等活动进行监督检查。

第二十六条 县级以上人民政府环境保护主管部门和其他有关部门进行监督检查,有权采取下列措施:

(一)要求被检查单位提供有关资料;

(二)要求被检查单位就执行本条例规定的有关情况做出说明;

(三)进入被检查单位的生产、经营、储存场所进行调查和取证;

(四)责令被检查单位停止违反本条例规定的行为,履行法定义务;

(五)扣押、查封违法生产、销售、使用、进出口的消耗臭氧层物质及其生产设备、设施、原料及产品。

被检查单位应当予以配合,如实反映情况,提供必要资料,不得拒绝和阻碍。

第二十七条 县级以上人民政府环境保护主管部门和其他有关部门进行监督检查,监督检查人员不得少于2人,并应当出示有效的行政执法证件。

县级以上人民政府环境保护主管部门和其他有关部门的工作人员,对监督检查中知悉的商业秘密负有保密义务。

第二十八条 国务院环境保护主管部门应当建立健全消耗臭氧层物质的数据信息管理系统,收集、汇总和发布消耗臭氧层物质的生产、使用、进出口等数据信息。

县级以上地方人民政府环境保护主管部门应当将监督检查中发现的违反本条例规定的行为及处理情况逐级上报至国务院环境保护主管部门。

县级以上地方人民政府其他有关部门应当将监督检查中发现的违反本条例规定的行为及处理情况逐级上报至国务院有关部门,国务院有关部门应当及时抄送国务院环境保护主管部门。

第二十九条 县级以上地方人民政府环境保护主管部门或者其他有关部门对违反本条例规定的行为不查处的,其上级主管部门有权责令其依法查处或者直接进行查处。

## 第五章 法律责任

第三十条 负有消耗臭氧层物质监督管理职责的部门及其工作人员有下列行为之

一的,对直接负责的主管人员和其他直接责任人员,依法给予处分;直接负责的主管人员和其他直接责任人员构成犯罪的,依法追究刑事责任:

(一)违反本条例规定核发消耗臭氧层物质生产、使用配额许可证的;

(二)违反本条例规定核发消耗臭氧层物质进出口审批单或者进出口许可证的;

(三)对发现的违反本条例的行为不依法查处的;

(四)在办理消耗臭氧层物质生产、使用、进出口等行政许可以及实施监督检查的过程中,索取、收受他人财物或者谋取其他利益的;

(五)有其他徇私舞弊、滥用职权、玩忽职守行为的。

第三十一条 无生产配额许可证生产消耗臭氧层物质的,由所在地县级以上地方人民政府环境保护主管部门责令停止违法行为,没收用于违法生产消耗臭氧层物质的原料、违法生产的消耗臭氧层物质和违法所得,拆除、销毁用于违法生产消耗臭氧层物质的设备、设施,并处100万元的罚款。

第三十二条 依照本条例规定应当申请领取使用配额许可证的单位无使用配额许可证使用消耗臭氧层物质的,由所在地县级以上地方人民政府环境保护主管部门责令停止违法行为,没收违法使用的消耗臭氧层物质、违法使用消耗臭氧层物质生产的产品和违法所得,并处20万元的罚款;情节严重的,并处50万元的罚款,拆除、销毁用于违法使用消耗臭氧层物质的设备、设施。

第三十三条 消耗臭氧层物质的生产、使用单位有下列行为之一的,由所在地省、自治区、直辖市人民政府环境保护主管部门责令停止违法行为,没收违法生产、使用的消耗臭氧层物质、违法使用消耗臭氧层物质生产的产品和违法所得,并处2万元以上10万元以下的罚款,报国务院环境保护主管部门核减其生产、使用配额数量;情节严重的,并处10万元以上20万元以下的罚款,报国务院环境保护主管部门吊销其生产、使用配额许可证:

(一)超出生产配额许可证规定的品种、数量、期限生产消耗臭氧层物质的;

(二)超出生产配额许可证规定的用途生产或者销售消耗臭氧层物质的;

(三)超出使用配额许可证规定的品种、数量、用途、期限使用消耗臭氧层物质的。

第三十四条 消耗臭氧层物质的生产、销售、使用单位向不符合本条例规定的单位销售或者购买消耗臭氧层物质的,由所在地县级以上地方人民政府环境保护主管部门责令改正,没收违法销售或者购买的消耗臭氧层物质和违法所得,处以所销售或者购买的消耗臭氧层物质市场总价3倍的罚款;对取得生产、使用配额许可证的单位,报国务院环境保护主管部门核减其生产、使用配额数量。

第三十五条 消耗臭氧层物质的生产、使用单位,未按照规定采取必要的措施防止或者减少消耗臭氧层物质的泄漏和排放的,由所在地县级以上地方人民政府环境保护主管部门责令限期改正,处5万元的罚款;逾期不改正的,处10万元的罚款,报国务院环境保护主管部门核减其生产、使用配额数量。

第三十六条 从事含消耗臭氧层物质的制冷设备、制冷系统或者灭火系统的维修、报废处理等经营活动的单位,未按照规定对消耗臭氧层物质进行回收、循环利用或者交由从事消耗臭氧层物质回收、再生利用、销毁等经营活动的单位进行无害化处置的,由所在地县级以上地方人民政府环境保护主管部门责令改正,处进行无害化处置所需费用3倍的罚款。

第三十七条　从事消耗臭氧层物质回收、再生利用、销毁等经营活动的单位,未按照规定对消耗臭氧层物质进行无害化处置而直接向大气排放的,由所在地县级以上地方人民政府环境保护主管部门责令改正,处进行无害化处置所需费用3倍的罚款。

第三十八条　从事消耗臭氧层物质生产、销售、使用、进出口、回收、再生利用、销毁等经营活动的单位,以及从事含消耗臭氧层物质的制冷设备、制冷系统或者灭火系统的维修、报废处理等经营活动的单位有下列行为之一的,由所在地县级以上地方人民政府环境保护主管部门责令改正,处5 000元以上2万元以下的罚款:

(一)依照本条例规定应当向环境保护主管部门备案而未备案的;

(二)未按照规定完整保存有关生产经营活动的原始资料的;

(三)未按时申报或者谎报、瞒报有关经营活动的数据资料的;

(四)未按照监督检查人员的要求提供必要的资料的。

第三十九条　拒绝、阻碍环境保护主管部门或者其他有关部门的监督检查,或者在接受监督检查时弄虚作假的,由监督检查部门责令改正,处1万元以上2万元以下的罚款;构成违反治安管理行为的,由公安机关依法给予治安管理处罚;构成犯罪的,依法追究刑事责任。

第四十条　进出口单位无进出口许可证或者超出进出口许可证的规定进出口消耗臭氧层物质的,由海关依照有关法律、行政法规的规定予以处罚;构成犯罪的,依法追究刑事责任。

## 第六章　附　则

第四十一条　本条例自2010年6月1日起施行。

### (三)文件解读

2010年4月8日,国务院总理温家宝签署国务院令公布《消耗臭氧层物质管理条例》(以下简称条例),该条例将于2010年6月1日施行。日前,国务院法制办公室负责人就条例的有关问题回答了记者的提问。

问:条例的意义有哪些?

一是有利于更好地履行国际义务。在《议定书》多边基金提供的技术支持和资金援助下,我国消耗臭氧层物质淘汰工作进展顺利。但是,我国生产和使用消耗臭氧层物质的总量仍然很大,要巩固现有淘汰成果并完成《议定书》规定的下一步淘汰目标,任务依然艰巨。为此,需要总结管理经验,完善管理制度,规范生产、销售、使用和进出口等行为,把淘汰工作纳入法制化轨道,以更好地履行国际义务,树立负责任大国的形象。

二是有利于调整、优化产业结构。发达国家率先淘汰消耗臭氧层物质后,纷纷禁止进口含消耗臭氧层物质的产品。我国相关行业要想占领国际市场,就必须进行替代改造。从淘汰消耗臭氧层物质的实践情况看,这一过程有力地促进了我国相关产业结构的调整、优化,提高了产品的国际竞争力。

三是有利于节约能源和减少温室气体排放。据中国家电协会统计,替代改造前,我国用 CFC(俗称氟利昂)作制冷剂的冰箱的能耗等级普遍为四级、五级;替代改造后,能耗等级普遍降为一级、二级,节能水平提高30%以上。此外,消耗臭氧层物质大都是重要的温室气体,淘汰消耗臭氧层物质也就大大减少了温室气体的排放。

问:条例的调整范围是什么?

答:本条例所称消耗臭氧层物质是指对臭氧层有破坏作用并列入《中国受控消耗臭氧层物质清单》的化学品,其清单由国务院环境保护主管部门会同国务院有关部门制定、调整和公布。在中华人民共和国境内从事消耗臭氧层物质的生产、销售、使用和进出口等活动,适用本条例。其中,生产是指制造消耗臭氧层物质的活动;使用是指利用消耗臭氧层物质进行的生产经营等活动,不包括家庭等使用冰箱、空调等含消耗臭氧层物质的产品的活动。

问:国家管理消耗臭氧层物质的目标和任务是什么?

答:根据《议定书》的要求,条例明确了我国管理消耗臭氧层物质的目标和任务,规定国家逐步削减并最终淘汰作为制冷剂、发泡剂、灭火剂、溶剂、清洗剂、加工助剂、杀虫剂、气雾剂、膨胀剂等用途的消耗臭氧层物质,并规定国务院环境保护主管部门会同国务院有关部门拟订《中国逐步淘汰消耗臭氧层物质国家方案》,报国务院批准后实施。

问:为了实现上述淘汰目标和任务,条例建立了哪些制度?

答:一是《议定书》明确规定了各缔约方淘汰消耗臭氧层物质的时间表,各缔约方必须按照《议定书》的规定控制并逐步削减消耗臭氧层物质的生产、使用和进出口总量。为此,条例建立了消耗臭氧层物质总量控制制度,规定由国务院环境保护主管部门根据国家方案和消耗臭氧层物质淘汰进展情况,商国务院有关部门确定国家消耗臭氧层物质的年度生产、使用和进出口配额总量。

二是国家消耗臭氧层物质的年度生产、使用和进出口配额总量确定后,需要将配额分配给各生产、使用和进出口单位。为此,条例建立了消耗臭氧层物质配额管理制度,规定生产、使用单位应当依照本条例的规定向国务院环境保护主管部门申请领取配额许可证(部分少量使用的情形除外);进出口单位应当依照本条例的规定向国家消耗臭氧层物质进出口管理机构申请进出口配额,领取进出口审批单。

问:为了有效打击违法生产、使用、进出口消耗臭氧层物质的行为,条例规定了哪些法律措施?

答:一是强化执法手段。规定监督检查机关进行监督检查,有权进行调查取证,要求被检查单位提供有关资料、做出说明,并可以扣押、查封违法生产、销售、使用、进出口的消耗臭氧层物质及其生产设备、设施、原料及产品。

二是明确法律责任。对在消耗臭氧层物质生产、使用和进出口等活动中可能发生的各种违法行为,规定了罚款、没收违法物品、拆除违法设备设施、没收违法所得、核减配额数量直至吊销配额许可证等严格的法律责任。

对一个管理者(单位)来说,要清楚围绕中央空调系统所做的一切工作都是为了使中央空调系统达到满足使用要求、降低运行成本、延长使用寿命、保证卫生安全这4个基本目标。以最佳的效果、最少的消耗、最低的费用、最安全卫生的运行换取最高的综合效能,实现最大的社会效益及经济效益。

《蒙特利尔议定书》是什么时间签署的?

# 第二节　ODS制冷剂替代的趋势

1. 知道我国ODS制冷剂的淘汰计划;
2. 了解国际ODS制冷剂的替代趋势;
3. 掌握常见的ODS制冷剂替代物的基本性能。

**知识平台**

## 一、我国ODS制冷剂淘汰历程及计划

科学家指出,随着大气臭氧越来越少,射向地面的紫外线就会越来越强,这样,将会带来以下危害。

(1) 对人类健康危害严重,可引发和加剧眼部疾病、皮肤癌、传染疾病。

(2) 50%以上的陆生植物,如土豆、瓜类、番茄、甜菜等,产量会急剧下降;森林草地衰退,危及生态平衡和生物多样性。

(3) 对水生生态系统产生影响,使浮游生物受到危害,导致海洋食物链中基础食物数量减少,使生活在浅水里的鱼类和贝类很难生存。

(4) 使人工高分子或天然高分子材料加速老化,如建筑物、喷涂、包装等物质老化,使其变硬、变脆、缩短使用寿命,并能使接近地面的有害臭氧浓度增加,尤其在人口密集的城市中心,可引起光化学烟雾污染。

(5) 全球气候变暖,产生"温室效应",海平面上升。

同样,由环境污染引起的温室效应也会带来以下列几种严重恶果。

(1) 地球上的病虫害增加。

(2) 海平面上升。

(3) 气候反常,海洋风暴增多。

(4) 土地干旱,沙漠化面积增大。

由于制冷、空调、热泵行业广泛采用的CFCs与HCFCs物质对臭氧层有破坏作用以及产生温室效应,使全世界的制冷、空调及热泵行业面临严重的挑战。CFCs与HCFCs的替代已成为当前国际性的热门话题。

1985年，21个国家政府签署《关于保护臭氧层的维也纳公约》。1989年9月，我国正式签署。1987年，24个国家政府签署《关于消耗臭氧层物质的蒙特利尔议定书》，1991年6月，我国正式签署。我国是最大的ODS生产和消费国，是获得多边基金最多的国家，同时也是ODS淘汰量最大的第五条款国家。所以，中国具有特殊的地位和重要性。中国已在2007年7月1日前淘汰CFCs的生产和使用。然而，我国是目前全球最大的含氢氯氟烃生产和使用国，含氢氯氟烃产量占到全球的65%；使用量占到全球的40%。当前国际ODS淘汰的主要目标是HCFCs，我国制订了淘汰计划：2013年含HCFCs生产和使用分别冻结在2009年和2010年两年平均水平；2015年，在这一冻结水平上削减10%；2020年，削减35%；2025年，削减67.5%；2030年，减少97.5%，保留基线水平的2.5%用于维修领域的需求到2040年。

含氟制冷剂与$CO_2$、$CH_4$等其他气体统称为温室气体。其净效应是使地球表面变暖，随着大气中温室气体浓度的增加，地球的平均温度将会上升。CFCs、HCFCs和新一代HFCs制冷剂都被认为是温室气体。1997年12月《京都议定书》已将替代CFCs和HCFCs的HFCs物质列入限控物质清单中，要求发达国家控制HFCs的排放。为了控制全球气候变化，又一次对制冷剂提出了新的要求。

## 二、ODS制冷剂替代的国际趋势

2007年9月第十九次缔约方大会通过了HCFCs加速淘汰计划，开发HCFCs的替代品已迫在眉睫。HCFCs被《京都议定书》列为需要限制的6种温室气体之一，国际对HCFCs限制的呼声不断加强，增加了未来ODS替代品选择的复杂性。

ODS制冷剂的两种替代路线：HFC类制冷剂及其混合物和天然制冷剂。

### (一) HFC类制冷剂及其混合物

HFC类制冷剂为氢氟烃类物质，氢氟烃类中不含氯元素，其ODP为零，对于大气臭氧层没有破坏作用。如HFC-134a、HFC-32、HFC-152a、HFC-125等，以及其混合物R410a、R407c和R404a等。HFC制冷工质的GWP通常较高。作为HCFC类制冷剂的替代物，HFC类替代物本身也受到温室效应过大的限制，需控制它们的排放量。

工商制冷行业的替代技术路线如下。

1. 对单元式空调、多联式空调机类产品

从国际上的转换现状来看，在欧美等发达国家中，主要使用R410a作为制冷剂。

2. 中央空调冷水机组等产品

目前，在发达国家中，中小型的机组中多数采用R410a作为制冷剂；在大中型中央空调中，主要使用R134a和R407c作为制冷剂；大型离心式冷水机组中，多数使用R134a。

3. 冷冻冷藏设备

目前国际上，主要使用R404a、R134a、$NH_3$(R717)等作为制冷剂。

### (二) 天然制冷剂

天然制冷剂主要有$NH_3$(R717)、$CO_2$(R744)、$C_3H_8$(R290)等。这类物质ODP为

0,对于大气臭氧层没有破坏作用;同时,其 GWP 也比较低。就环境保护角度来讲,它们属于比较理想的制冷剂。但这类物质往往具有不同程度的可燃性。$CO_2$ 的压力很高,制冷效率较低,在实际应用中还受到一定的限制。

### 三、ODS 制冷剂替代品的特点

ODS 制冷剂替代品的特点有:符合环境保护要求,即 ODP 为 0,GWP 低;化学性质稳定;良好的兼容性和易采用性;良好的安全性能;较好的经济性。

制冷剂发展趋势:HCFC 类制冷剂逐步淘汰;HFCs 将成为主要的制冷剂品种;自然工质重新受到重视;混合工质的应用增加;新一代低 GWP 值制冷剂成为研究开发热点。目前,中国制冷行业 HCFCs 替代品选择见表 4-1 所示。

表 4-1　目前中国制冷行业 HCFCs 替代品选择

| 设备名称 | 设备类型 | 当前工质 | 主要替代品 | 低 GWP 值替代品 |
|---|---|---|---|---|
| 家用空调 | | HCFC-22 | R407c、R410a | HC-290、ZCI-8、HFC-161 |
| 商用空调 | 离心冷水机组 | HCFC-123 | HCFC-123 | HFC-245fa |
| | | HFC-134a | HFC-134a | HFC-32 |
| | 活塞机组 | HCFC-22 | R407、R410a | HFC-32 |
| | 螺杆机组 | | | |
| | 单元空调 | HCFC-22 | HFC-134a、R407、R410a | |
| 汽车空调 | | HFC-134a | HFC-134a | $CO_2$、HFC-152a、HFO-1234yf |
| 家用冰箱、冷柜 | | HFC-134a | HFC-134a、HC-600a | HC-600a、HFO-1234yf |
| | | HC-600a | HC-600a | |
| 商业制冷 | | HCFC-22 | HFC-134a、R410a、R407c、R404a、R507a | $NH_3$、HC-290、$CO_2$、HFC-32 |
| 工业制冷冷藏加工 | | HCFC-22 | HFC-134a、R410a、R407c、R404a、R507a | $NH_3$、$CO_2$、HCs |
| | | R717 | R717 | R717 |
| 运输制冷 | | HCFC-22 | HFC-134a、R404a、R407c、R410a | $CO_2$ |
| 热泵 | | HCFC-22 | HFC-134a、R417a | $CO_2$ |

#### (一) R410a 基本性能

组成成分为 R32($CH_2F_2$)和 R125($C_2HF_5$),各成分质量比为 50∶50,GWP 值为 1997。工作压力为普通 R22 空调的 1.6 倍左右,制冷(暖)效率更高;能够提高空调性能,且不破坏臭氧层。R410a 新冷媒由两种准共沸的混合物而成,具有稳定,无毒,性能优越等特点。同时,由于不含氯元素,故不会与臭氧发生反应,既不会破坏臭氧层。

## (二) R32基本性能

R32为二氟甲烷的简称,分子式为$CH_2F_2$,是卤代甲烷的一种。它是甲烷的4个氢原子中的两个被氟原子代替形成的化合物。

R32是一种热力学性能优异的氟利昂替代物,具有较低的沸点,蒸气压和压力比较低,制冷系数较大,臭氧耗损值为0,温室效应系数较小等特点;但排气温度较高,有一定的可燃性。

## (三) R407c基本性能

由R32、R125、R134a按23∶25∶52组成,ODP=0,GWP=1 980。R407c的热力性质与R22最为相似。它们的工作压力范围,制冷量都十分相似。原有R22机器设备改用R407c后,需要更换润滑油、调整制冷剂的充灌量及节流元件。R407c机器的制冷量和能效比比R22机器稍有下降。如发生泄漏,其系统内剩余的R407c不能回收循环使用,必须放空系统内的剩余R407c制冷剂,重新充注新的R407c制冷剂。

## (四) $C_3H_8$(R290)基本性能

R290为丙烷的简称,分子式$C_3H_8$是一种可以从液化气中直接获得的天然碳氢制冷剂。R290的分子中不含有氯原子,因而ODP值为0,对臭氧层不具有破坏作用。此外,R290的GWP值接近0,不会产生温室效应。R290具有优良的热力性能,价格低廉,单位容积制冷量较大,外形尺寸小,物理性质与R22极其相近,属于直接替代物。用它作为制冷剂应采取相应的安全保护措施,对环境保护、节约能源有着很好的应用前景。

但R290易燃易爆,遇热源和明火有燃烧爆炸的危险。提高R290安全性的手段包括减小灌装量、隔绝着火源、防止制冷剂泄露及提高泄漏后的安全防控能力等。

## (五) $CO_2$(R744)基本性能

$CO_2$为自然工质,ODP=0,GWP=1。$CO_2$来源广泛、成本低廉,安全无毒,不可燃,适应各种润滑油常用机械零部件材料。即便在高温下,也不分解产生有害气体。

$CO_2$蒸发潜热较大,单位容积制冷量较大,因此压缩机排量小。$CO_2$能效低,而且它是一种高压制冷剂,系统的压力较现有的制冷剂高很多。

## (六) $NH_3$(R744)基本性能

$NH_3$是一种传统工质,其优点是ODP=0,GWP=0,价格廉,能效高,传热性能好,且易检漏,含水量余地大,能效高、传热性能好。

$NH_3$有毒,具有一定的可燃性。而100多年使用的历史表明,$NH_3$的安全性记录是良好的。今后必须找到更好的安全办法,如减少充灌量,采用螺杆式压缩机,引入板式换热器等。然而,其油溶性、与某些材料不溶性、高的排气温度等问题也需合理解决。看来,$NH_3$会有更大的空调市场份额。

# 第三节 新型制冷剂介绍

了解 R290、R32 的基本特性。

## 一、R290、R32 的基本特性

### (一) R290 的特性

R290 的基本特性如表 4-2 所示。

表 4-2  R290 基本特性

| 冷媒名称 | R290 |
| --- | --- |
| 化学名称 | 丙烷 |
| 分子式 | $C_3H_8$ |
| 分子量 | 44.10 |
| 沸点(℃) | −42.2 |
| 临界温度(℃) | 96.67 |
| 临界压力(MPa) | 4.24 |
| 蒸气压(25 ℃)(MPa) | 0.475 |
| 液体密度(25 ℃)(kg/m³) | 492 |
| ODP | 0 |
| GWP | 3 |
| 包装 | 30LB |

1. 基本信息

中文名称:丙烷

英文名称:propane

分子式:$C_3H_8$

分子量:44.10

外观与性状:无色气体,纯品无臭

溶解性:微溶于水,溶于乙醚、乙醇

2. 理化特性

闪点(℃):−104

爆炸上限(%)(V/V):9.5

爆炸下限(%)(V/V):2.1
相对密度(空气=1):1.56
燃烧热(kJ/mol):2 217.8
引燃温度(℃):450～470

3. 使用安全

(1) 健康危害。本品有单纯性窒息及麻醉作用:人短暂接触1%丙烷,不引起症状;10%以下的浓度,只引起轻度头晕;接触高浓度时可出现麻醉状态、意识丧失;极高浓度时可致窒息。

(2) 危险特性。易燃气体,与空气混合能形成爆炸性混合物,遇热源和明火有燃烧爆炸的危险。

R290爆炸的4个条件:可燃物(R290)、氧气(空气)、特定的浓度范围(2.1%～9.5%)、点火源(≥450 ℃),R290只有同时满足这4个条件才有可能发生危险!

鉴于R290做制冷剂的不利之处是R290的可燃性(制冷系统的压缩机、冷凝器、蒸发器、管路等部件可能会造成工质的泄漏,而温控器、压缩机继电器、照明灯、融霜按钮等电子元件都可能是点燃源),所以,电冰箱中的R290最大充灌量应控制在150 g左右;为了保证安全运行,应将制冷系统和控制元件分别设置在不同的空间内;在压缩机设置保护器和阻燃继电器;强制通风避免局部浓度聚集,经常用气体传感器检测容易泄漏的地方;R290制冷系统应是封闭的,并且在充灌制冷剂之前,进行严格地检漏。

## (二) R32 的特性

R32的基本特性如表4-3所示。

表4-3 R32基本特性

| 中文化学名 | 二氟甲烷 |
|---|---|
| 化学式 | $CH_2F_2$ |
| 外观 | 无色气体 |
| 摩尔质量(g/mol$^{-1}$) | 52.02 |
| 密度 | 2.72 kg/m³,15 ℃;2.163 kg/m³,21.1 ℃ |
| 沸点(℃) | −51.7 |
| 熔点(℃) | −136 |
| 临界温度(℃) | 78.25 |
| 自燃温度(℃) | 648 |
| 临界压力(MPa) | 5.808 |
| 液体比热(25 ℃)[KJ/(kg·℃)] | 2.35 |
| 蒸气压(25 ℃)(kPa) | 1 518.92 |
| ODP | 0 |
| GWP | 675 |
| 溶解性 | 易溶于油,难溶于水 |

1. 基本性能

二氟甲烷，分子式为 $CH_2F_2$，为无色、无味、轻微燃烧（A2 类）。

R32 是 R410A 的主要组元，其 $ODP=0$，$GWP=675$，$GWP$ 值适中，远低于 R410a 和 R22，符合欧洲国家提倡的低 $GWP$ 制冷剂的替代方向。

R32 的摩尔质量仅为 R22 的 60%，为 R410A 的 71.7%。由于充注量大体与摩尔质量成正比，因此 R32 充注量仅为 R22 的 60%，为 R410A 的 71.7%。

泄漏时的 R32 相对 $CO_2$ 排放当量为 405，因而与 R22 相比，$CO_2$ 减排比例可达 77.6%，与美国环保局"SNAP 计划"在家用、商用空调部分要求减排 $CO_2$ 为 50%～90%的措施很为吻合。

2. 安全性

R32 的可燃性弱，处于"不可燃"与"弱可燃"的边缘，燃烧下限（LFL）仅为 $0.306\ kg/m^3$，是 2 类可燃制冷剂中可燃性最低的一种（仅次于 $NH_3$）。

R32 是相对最安全的，被 ASHRAE34、ISO5149 和 EN 3781 列为弱可燃"2"。ISO817 最新标准由于 R32 燃烧速度约为 $0.067\ m/s$，因而被列为 A2L 类。按美国交通部运输标准 DOT173.115 和联合国（UN）危险货物运输规定，在运输过程中认为是"不可燃"的。

R32 毒性和 R22 相当，毒性级别为 5A，切勿吸入蒸气。空气中最高允许浓度为 0.1%。

## 二、R290、R32 与其他常用制冷剂的对比

R290、R32 与其他常用制冷的 $GWP$ 和 $ODP$ 如图 4-1 所示。

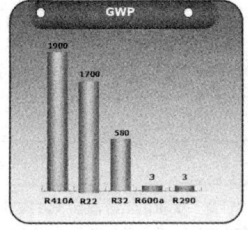

图 4-1

### （一）R290 相对于氟利昂的优缺点

1. R290 制冷剂的优点

（1）完全环保。R290 制冷剂，取自天然成分丙烷，其 $GWP=3$，$ODP=0$，既不损害臭氧层，也无温室效应，是一种对环境完全友好的环保制冷剂。

（2）经济实惠。按充注重量计算，R290 制冷剂的用量只有 R22、R410a 的 40%～55%，用量更少，更为经济。

（3）节能。R290 凝固点低，蒸发潜热更大，使得单位时间内降温速度更快；等熵压缩比做功小，使压缩机工作更轻松，延长压缩机的使用寿命；分子量小，流动性好，输送

压力更低,减小了压缩机的负载。这些特点使得使用 R290 作为制冷剂节能率可达 15%～35%。

(4) 制冷性好,缩短空调压缩机的制冷时间,制冷效果和 R22 一样。R290 制冷剂单位容积、单位质量的制冷量大,冷凝器和蒸发器的换热性能高,缩短空调压缩机的制冷时间。在制冷效果一样的情况下,可节省 30% 的电能。

(5) 适应性强。大多数制冷剂的成分为氟氯烃、氢氟烃或氢氯氟烃混合物,这些制冷剂已被证明不适合酷热或热带地区使用,而 R290 制冷剂对酷热气候具有独到的适应性。

(6) 用途广泛。R290 制冷剂可用于冰箱、家用空调、冷藏车等制冷系统中。

2. R290 制冷剂的缺点

相对于传统的 R22 制冷剂,R290 制冷剂的可燃性是它的一个"坏脾气",也是我们在实际运用中遇到的一个难题。根据相关标准,R290 制冷剂的安全等级属于 A3 类,这就意味着它属于高可燃性的物质,在使用过程中确保安全是一大难题。

### (二) R32 与 R22、R410 相比的优点

R32 的特点和相应对策如表 4-4 所示。

表 4-4 R32 的特点和相应对策

| | HFC 特点 | 对策 |
| --- | --- | --- |
| 1 | 拥有极性<br>(1) 不溶解于矿物油<br>(2) 电气绝缘性低<br>(3) 吸湿性高 | (1) 采用合成油<br>(2) 电机绝缘强化<br>(3) 制造管理 |
| 2 | 不含氯(Cl)<br>润滑性恶劣 | 提高压缩机润滑性 |
| 3 | 分子直径小<br>(1) 分子间隔<br>(2) 对有机材料的影响(膨胀) | (1) 开发适合冷媒分子直径的干燥机<br>(2) 适合性评价 |

R32 与 R410a 热力性能非常接近,与 R22 相比,$CO_2$ 减排比例可达 77.6%,(而 R410a 减排 $CO_2$ 为 2.5%)符合国际减排要求。根据摩尔质量大体上与填充量成正比,相对填充量 70% 左右。安全特性方面,R32 为无毒可燃(A2 类)一般相同系统,更换冷媒匹配后,其工作压力略高于 R410a 系统,排气温度较高。如果压缩机排量相同,采取 R32 的系统制冷量要提高 12% 左右,COP 提高 5% 左右。

单从性能方面看,采用 R32 的系统要优于 R410a 的系统。需要注意的是,采用 R32 的系统排气温度比较高。填充时需要注意,由于 R32 是单工质制冷剂,填充以及追加冷媒与 R22 相同。

# 第四节　高压检漏设备的使用

1. 了解常用的检漏方法；
2. 了解高压检漏的操作；
3. 掌握高压检漏注意事项。

## 一、常用检漏方法

### （一）外观检漏

在制冷剂泄漏处，往往会渗出冷冻油，这为外观检漏带来方便。若发现某处有油污，可进一步用白净的软纸擦拭或直接用手检查。若纸上有油污，即表明该处有泄漏。

### （二）电子检漏仪检漏

用电子检漏仪检漏时，若有制冷剂泄漏，检漏仪会发出报警的蜂鸣声。

### （三）抽真空检漏

利用真空泵对制冷系统抽真空，当系统内的压力到 133 Pa 时，关闭三通修理阀，静置 12 h，观察真空表上的压力值有无升高。若压力升高，则说明制冷系统有泄漏点存在。然后再利用其他方法找到泄漏点进行补漏，直到排除泄漏。

### （四）高压检漏

高压检漏是本节主要介绍的内容。

## 二、常用高压检漏设备

### （一）氮气瓶及使用注意事项

氮气瓶、二氧化碳瓶、氧气瓶、氩气瓶等都是钢板制作的钢瓶，只要不超出规定压强，可以盛放各种无腐蚀性的气体。一般瓶体为黑色，字体颜色为黄色。

1. 氮气瓶检查（图 4-2）

（1）气瓶是否有清晰可见的外表涂色（黑）和警示标签（黄字"氮"）。
（2）气瓶的外表是否存在腐蚀、变形、磨损、裂纹等严重缺陷。
（3）气瓶的附件（防震圈、瓶帽、瓶阀）是否齐全、完好。
（4）气瓶是否超过定期检验周期。
（5）气瓶的使用状态（满瓶、使用中、空瓶）。

图4-2 气瓶检查的主要部位

2．气瓶运输

（1）装运车辆应有"危险品"安全标志。

（2）气瓶必须戴好气瓶帽、防震圈。当装有减压器时，应拆下。气瓶帽要拧紧，防止摔断瓶阀造成事故。

（3）气瓶应直立向上装在车上，妥善固定，防止倾斜、摔倒或跌落，车厢高度应在瓶高的2/3以上。

（4）运输气瓶的车辆停靠时，驾驶员与押运人员不得同时离开。运输气瓶的车不得在繁华市区、人员密集区附近停靠。

3．气瓶搬运

搬运时，旋紧瓶帽，直立向上移动，轻装轻卸，禁止从瓶帽处提升气瓶。

近距离（5 m内）移动气瓶，应手扶瓶肩转动瓶底，并且要使用手套。距离较远时，专用小车搬运，如图4-3所示。

图4-3 小车搬运示意图

禁止用身体搬运高度超过1.5 m的气瓶，可手扶瓶肩转动瓶底的滚动。卸车时，铺上软垫或橡胶皮垫，逐个卸车，严禁溜放。提升气瓶，使用专用吊篮或装物架。不得使用钢丝绳或链条吊索。严禁使用电磁起重机和链绳。

4．气瓶储存

（1）气瓶宜存储在室外带遮阳、雨篷的场所。存储在室内时，建筑物应符合有关标准要求。

(2) 气瓶存储室不得设在地下室或半地下室,也不能和办公室或休息室设在一起。

(3) 存储场所应通风、干燥,防止雨(雪)淋、水浸,避免阳光直射。

(4) 严禁明火和其他热源,不得有地沟、暗道和底部通风孔,并且严禁任何管线穿过。

(5) 禁止将气瓶放置到可能导电的地方。

(6) 气瓶应分类存储,空瓶和满瓶分开。

(7) 气瓶应直立存储,用栏杆或支架加以固定或扎牢,禁止利用气瓶的瓶阀或头部来固定气瓶。

(8) 支架或扎牢应采用阻燃的材料,同时应保护气瓶的底部免受腐蚀。气瓶(包括空瓶)存储时应将瓶阀关闭,卸下减压器,戴上并旋紧气瓶帽,整齐排放。

(9) 气瓶存放到期后,应及时处理。

(10) 存储场所最高允许温度应根据盛装气体性质而确定,储存场所的相对湿度应控制在80%以下。

### (二) 高压氮气减压表及注意事项

减压阀是采用控制阀体内的启闭件的开度来调节介质的流量,将介质的压力降低;同时,借助阀后压力的作用调节启闭件的开度,使阀后压力保持在一定范围内。

(1) 安装前注意事项:略开气瓶阀,吹除污物。

(2) 开启瓶阀时,瓶阀出气口不得对准人,以防高压气体突然冲出伤人。气瓶放气或开启减压器时,动作必须缓慢。

(3) 装卸时,必须注意管接头丝扣滑牙,以免射出。工作中,必须注意观察压力数值。停止工作时,应先松减压器的调压螺钉,再关闭气瓶阀,并把减压器内的气体慢慢放尽。工作结束后,应取下减压器保存。

(4) 冻结的处理:应用热水或蒸气解冻,绝不能用火焰或红铁烘烤。

(5) 必须定期校修检验,减压器必须保持清洁。

### (三) 软管使用注意事项

(1) 选用软管的承受压力要满足使用要求。

(2) 减压器出气口与气体橡胶管接头处必须用卡箍(图4-4)拧紧,防止送气后脱开发生危险。

(3) 软管脏污或软管破损、龟裂,不能使用。

### (四) 检漏液及注意事项

(1) 肥皂切薄片,加温水搅拌,不可过稀或过稠。

(2) 洗洁精倒在海绵上揉一揉,揉出泡沫即可。

图4-4 软管卡箍

(3) 用毛刷或海绵涂抹检测部位,出现气泡即为泄漏。

(4) 检漏结束后,清除检漏液,以防腐蚀。

## 三、空调器高压检漏操作

(1) 将氮气减压器接在氮气瓶上。

(2) 用耐压软管连接组合表阀和减压器。

(3) 连接到空调器室外机低压充注阀,并打开阀门。

(1)~(3)管路连接如图 4-5 所示。

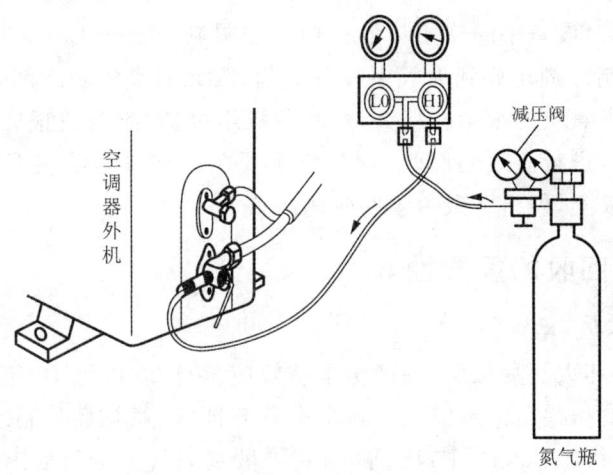

图 4-5　空调器高压检漏管路连接

(4) 初步试漏:打开气瓶主阀,调减压阀至 0.3~0.5 MPa,开组合表阀高压开关,进行肥皂水检漏。

(5) 低压试漏:加至低压试验压力(R22 系统:1.2 MPa),打开组合表阀加压,进行肥皂水检漏,确认无泄漏后进入下一步。

(6) 高压试漏:加至高压试验压力(R22 系统:1.8 MPa),打开组合表阀加压,进行肥皂水检漏。

1. 制冷系统检漏的方法有哪些?
2. 如何制作肥皂水?请动手试试吧。
3. 氮气瓶使用注意事项有哪些?
4. 以 R22 空调为例,说明氮气检漏的操作步骤。

# 第五节　制冷剂回收设备的使用

1. 了解制冷剂回收的重要性,提高环保意识;
2. 知道制冷剂回收的方法。

## 知识平台

按照《蒙特利尔议定书》规定,限制生产新的CFCs,而对于已经生产出的制冷剂,在工商行业大中型制冷设备中的使用却没有相应的限制。至于CFCs制冷剂对臭氧层的消融问题,是要把制冷剂排放到大气中方可引起,因此如果将制冷剂限定在封闭系统中使用,则构不成对臭氧层的影响。那么,对制冷机组维护、维修或报废时,如何防止制冷剂不泄漏到大气中,进行有效的回收,就非常重要了。在哥本哈根召开的《蒙特利尔议定书》的缔约国会议上,做出了致力于回收的决议。

### 一、制冷剂回收的重要性

#### (一)环境保护

氟利昂能够破坏大气臭氧层,并产生温室效应。自20世纪70年代以来,人们发现地球臭氧层逐渐变薄,甚至出现空洞。科学家研究证实,氯氟烃类制冷剂是破坏大气臭氧层的元凶,如R11、R12、R13、R114等,当其扩散到大气平流层后,在太阳紫外线照射下,氯氟烃分解出氯原子。氯原子能与臭氧发生连锁反应,使大气臭氧大量消耗。一个氯原子可分解无数个臭氧分子,而自身不被化合,而且氯氟烃不可燃,分子结构稳定,在大气中的存在寿命长达100年,其危害可想而知。

因此,科学家已经研究出或正在研究可替代的制冷剂,如用R134a取代R12、用R410a取代R22等。这些新型的制冷剂不含氯,对大气臭氧层没有破坏作用;但它依然会产生温室效应,使全球气候变暖,进而造成海平面上升。所以,从环境保护角度考虑,氯氟烃与新型的制冷剂都有回收的必要。

#### (二)节约成本

以开利冷水机组为例:开利30HK-036冷水机组,制冷剂R22加入量为23 kg,用杜邦R22制冷剂市场价约需要2 000元;开利30HK-250冷水机组,制冷剂R22加入量为126 kg,约需要10 000元。可见,回收制冷剂的经济效益也不可忽略。

### 二、制冷剂回收方法与原理

#### (一)气体回收方法

(1)冷却法(图4-6)回收原理:把气体氟利昂冷却液化回收。

主要特点:回收制冷剂中不混入润滑油;可把回收容器冷却到0 ℃以下;适用于小容量回收。

(2)压缩法(图4-7)回收原理:把气体氟利昂加压液化回收。

主要特点:回收制冷剂中可能混入润滑油;回收效率高适用于中、大容量回收。

(3)吸附法原理:用活性炭、沸石等吸收,再用蒸气赶出后冷却液化回收。

(4)吸收法原理:用有机溶剂吸收后,再加热把其赶出后冷却液化回收。

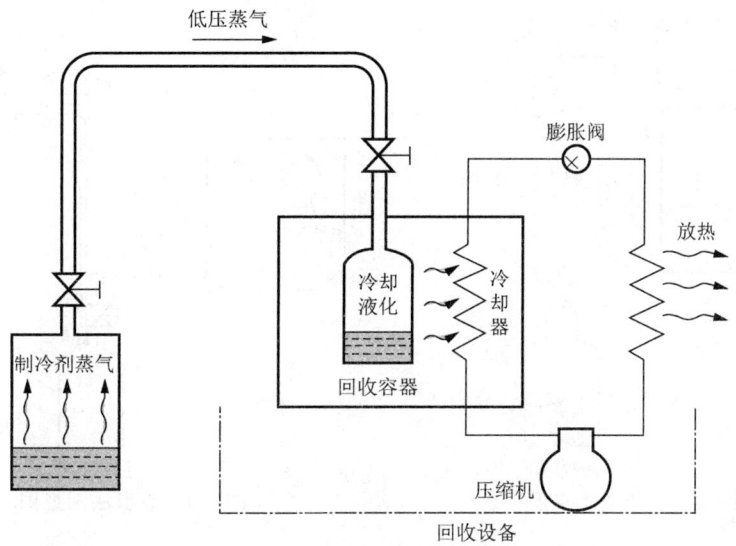

图 4-6 冷却法示意图

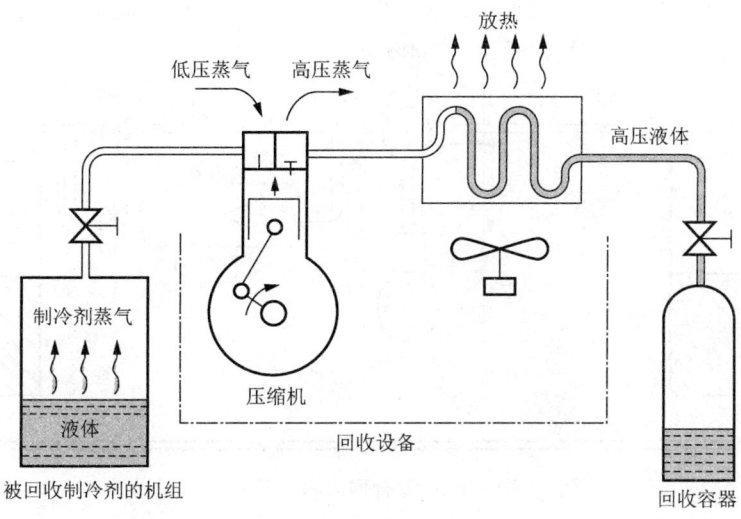

图 4-7 压缩法示意图

## (二) 液体回收方法

(1) 加压法(图 4-8)原理:在液面上加压,从液体中回收。

主要特点:通过加压使液体卤代烃流到回收容器内,速度较快,常用于大型制冷设备。

(2) 吸引法(图 4-9)原理:把回收容器先抽真空,再吸引液体回收。

主要特点:在被回收容器上抽真空,回收效率极高;主要运用负压大型机组回收。

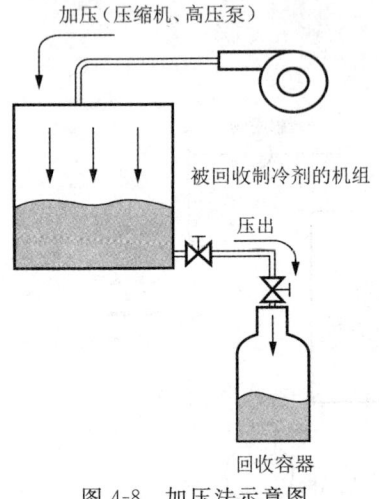
图 4-8 加压法示意图

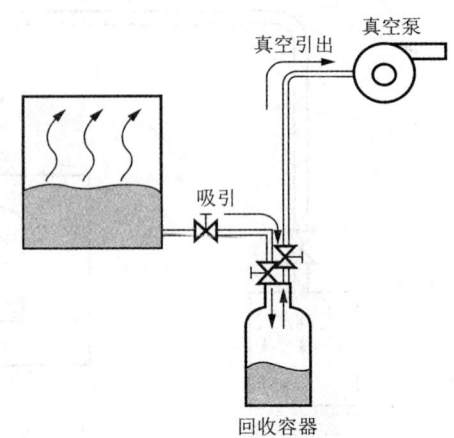
图 4-9 吸引法示意图

### (三) 复合回收法

复合回收法如图 4-10 所示。

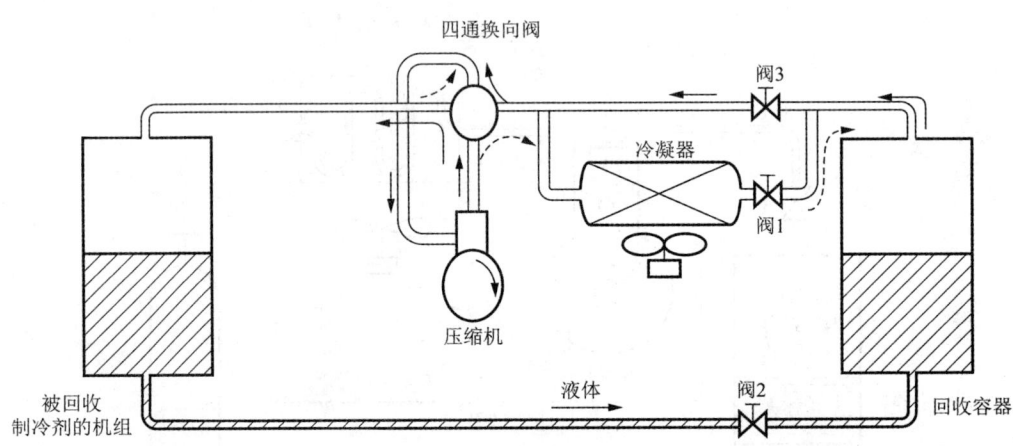
图 4-10 复合回收法示意图

原理：以加压方式回收液体，以压缩方式回收气体。

主要特点：适用于充装量大的系统；回收时间短，回收制冷剂是被污染的，需再生处理。

## 三、回收过程安全注意事项及操作方法介绍

### (一) 安全事项

**1. 正确准备个人防护装备**

(1) 护目镜（图 4-11）用于预防制冷剂或其他液滴溅入眼睛，起到保护眼睛作用。

(2) 戴上橡胶手套（图 4-12）可以避免和预防操作技术人员双手与制冷剂、润滑油、清洗剂等带有腐蚀性的液体或气体直接接触，也可隔离手与漏电导线接触，防止触电。

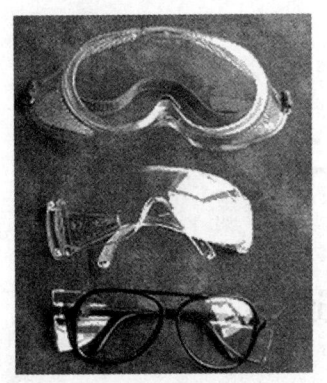

图 4-11 护目镜

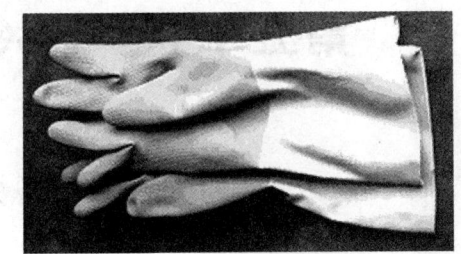

图 4-12 橡胶手套

 想一想 练一练

1. 为什么要进行制冷剂回收？
2. 哪些制冷剂必须回收？
3. 回收制冷剂有哪些方法？
4. 回收制冷剂时，操作人员应做哪些准备？

# 第五单元　制冷新工艺介绍

## 第一节　洛克环连接

1. 了解洛克环的原理；
2. 熟悉洛克环的种类；
3. 会进行洛克环简单操作。

### 一、洛克环连接技术原理及应用介绍

#### （一）洛克环介绍

德国福尔康（VULKAN）公司成立于1889年，总部位于德国北莱茵-威斯特法伦州鲁尔工业区黑尔纳。20世纪60年代，美国航空航天局（NASA）发明了洛克环，用于美国航天飞机燃料管路连接。

若干年后，德国福尔康公司将该专利买下并成立福尔康洛克林（VULKAN LOKRING）公司专业生产洛克环，并将其应用到民用领域。从第一个用户德国 AEG 公司开始批量使用以来，时至今日，经过不断的产品开发和更新，福尔康洛克林公司已经建立了遍及全球的分支机构。每年生产、销售各种规格的洛克环约2亿个以上。累计至今，使用在世界各地制冷系统中的洛克环已有几十亿个，其可靠性得到了时间的考验。

#### （二）安装原理

通过对材料的挤压变形，径向均匀地压缩管子，使他们与衬套紧紧地形成金属与金属密封面。再加上压接前滴加的洛克环密封液在压接到位后很快固化，更加彻底封死了所有轴向泄漏通道。

洛克环专用工具符合人体工学，使用时不需要动力源，操作者只需要轻轻压下钳子即可完成连接工作。

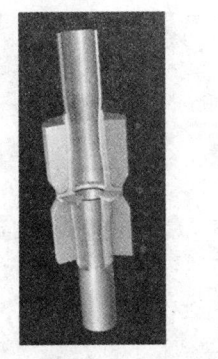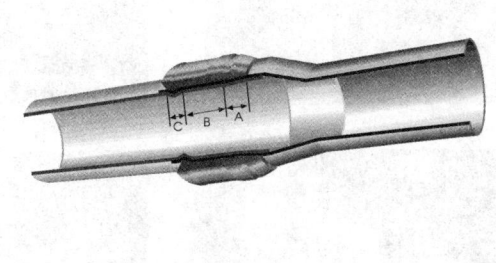

图 5-1 安装原理

### (三) 洛克环可连接的常用管路材料

洛克环可连接的常用管路材料如图 5-2 所示。

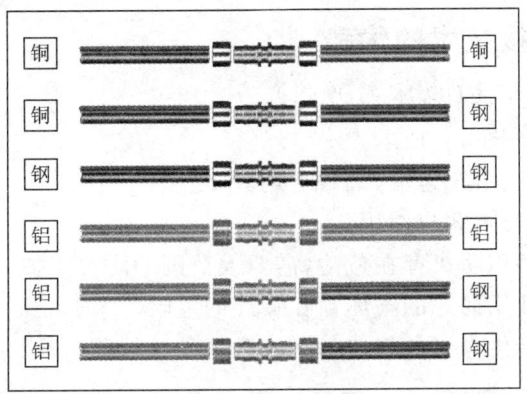

图 5-2 洛克环可连接的常用管路材料

### (四) 洛克环安装步骤

洛克环安装步骤如图 5-3 所示。

1. 管路末端处理

为了确保连接,管路末端要保持金属光泽,并且没有加工过程中产生的纵向沟槽。使用洛克林专用砂纸和清洁布处理管路末端(表面干净的管路无须处理),必要时使用倒角器去除管口毛刺。

2. 涂密封液

使用导管将密封液涂到管上,使管的圆周都处于湿润状态。涂密封液时稍微离管路末端 1 mm 以上的距离,避免液体流入管路内侧。

3. 插入管路

将涂好密封液的管路端部插入连接体内部,确认管路末端顶到连接体内部的限位处,然后在连接过程中保持位置不窜动。

4. 压接

使用压接钳,用钳口顶住环的末端,双手反复推动压接钳臂,钳口沿着洛克环的轴向施加压力,直到将洛克环推到限位位置。

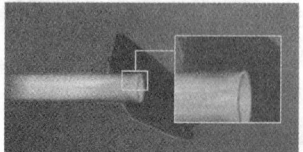
步骤1
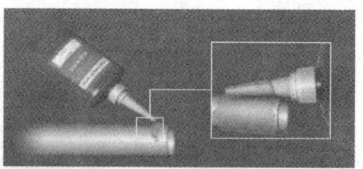
步骤2
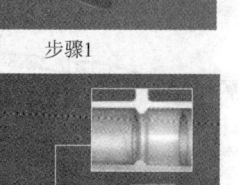
步骤3
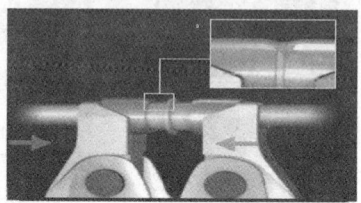
步骤4

图 5-3　洛克环安装步骤

## 二、洛克环连接技术的优势

### （一）传统维修方法（以冰箱为例）

传统的维修过程如图 5-4 所示。

（1）需要人工搬运、卡车运输，维修费用较高。

（2）维修时间长，影响客户使用。

（3）焊接过程中动用明火存在危险，需要大范围的防火保护。

（4）维修过程中使用易燃的气体存在爆炸的危险。

（5）维修过程中产生有毒的气体（光气、含氧和氯的酸以及二噁英等）。

①冰箱发生故障，维修人员现场确认故障

②冰箱需要搬运，运输中可能存在碰伤等风险

③没有冰箱可用了，需要冷冻的食品怎么办？

④冰箱包装好，用卡车运送到维修地点

⑤在维修过程中会使用易燃的危险气体，并且具有污染

⑥维修后再用卡车运回到客户家中

图 5-4　传统的维修过程

⑦ 搬运过程中存在碰伤的危险。　　⑧ 冰箱放回到原来的位置　　⑨ 维修费用高、劳动力成本高，还耽误客户使用

图 5-4（续）　传统的维修过程

## （二）洛克环维修方法（以冰箱为例）

洛克环维修过程如图 5-5 所示。洛克环维修方法具有以下优点。

（1）免焊接连接，无高温明火，安全可靠。

（2）具有永久的密封效果。

（3）节省 40% 以上的时间和费用。

（4）可以在客户工作区域内现场维修，或在客户正常营业中维修。

（5）维修简洁不需要重型连接设备。

（6）清洁、快速、安全、环保，顾客乐于接受。

 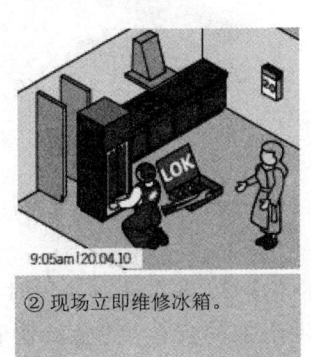 

① 现场移开冰箱　　② 现场立即维修冰箱。　　③ 维修完毕，放回原位置，平均维修时间小于 60 min。

图 5-5　洛克环维修过程

## 三、洛克环维修工具介绍

### （一）洛克环连接工具

**1. HMRK-L 手动工具钳**

HMRK-L 手动工具钳（图 5-6）为经典款式，用于连接直径 13 mm 以下的管路。由于专利省力设计，该工具不需要专门的动力装置，只需要一点力量就能完成装配。工具钳口易于更换。

**2. HMRK-V 手动工具钳**

HMRK-V 手动工具钳（图 5-7）为可弯曲款式，它的两个把手都可以弯曲，用于连接直径 13 mm 以下的管路，甚至其他工具难易进入的区域，也可以用该工具完成装配。由于专利省力设计,该工具不需要专门的动力装置,只需要一点力量就能完成装配。工具钳口易于更换。

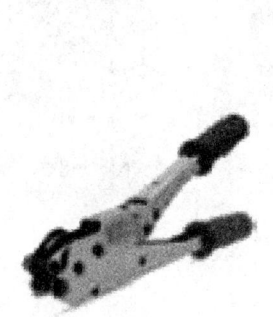 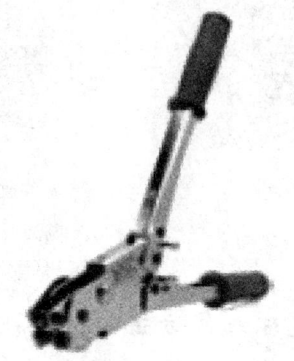

图 5-6　HMRK-L 手动工具钳　　　图 5-7　HMRK-V 手动工具钳

3. 洛克环连接钳口

洛克环连接钳口(图 5-8)用于复合环装配,钳口适合用于所有的手动工具钳口。可以简单快速的更换,这样可以只使用一把工具钳就可以连接不同直径的管路。

图 5-8　钳口

4. 密封液

密封液(图 5-9)用于洛克环的连接,洛克环在使用时不论在任何地方都必须使用密封液。密封液给洛克环连接提供附加的安全,它会补偿管路表面纵向沟槽或凹坑带来的不平,这样保证了每一个洛克环的连接都可靠密封。

5. 预装配装置

预装配装置(图 5-10)选用合适的件,用于 00 型复合环的单侧预装配。

图 5-9　密封液　　　　　　　　图 5-10　预装配装置

## (二)洛克环种类介绍

(1) 00型复合环(图5-11),用于同时连接两根管路。

(2) 25型复合环(图5-12),用于在狭小空间同时连接两根管路。

(3) 50型复合环(图5-13),用于单侧逐个连接两根管路。

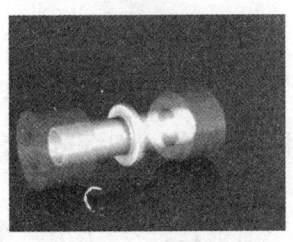  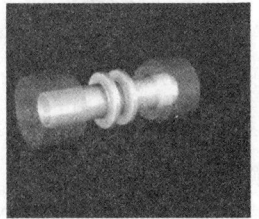

图5-11　00型复合环　　　　图5-12　25型复合环　　　　图5-13　50型复合环

(4) 00型铜复合环(图5-14),用于连接有相同外径的铜和铜或钢管。

(5) 25型铜复合环(图5-15),用于狭小的空间管路连接。这种方法可以用来连接特别短的管路端部连接,例如压缩机,用于连接有相同外径的铜和铜或钢管。

(6) 00型铝复合环(图5-16),用于相同外径的铝管与铝管、铝管与铜管或钢管之间连接。

图5-14　00型铜复合环　　　图5-15　25型铜复合环　　　图5-16　00型铝复合环

(7) 00型带阀门的复合环(图5-17),用于相同外径的铜管与铜管、铜管与铝管或钢管之间连接,并且带有相同外径的1/4SAE针阀。

(8) 50型铜直角弯头复合环(图5-18),用于相同外径的铜管与铜管、铜管与铝管或钢管之间连接。

(9) 00型铜变径复合环(图5-19),用于不同外径的铜管与铜管、铜管与钢管之间连接。

图5-17　00型带阀门的复合环　　图5-18　50型直角弯头复合环　　图5-19　00型铜变径复合环

(10) 00型铝变径复合环(图5-20),用于不同外径的铝管与铝管、铝管与铜管或钢管之间连接。

(11) 25型变径复合环(图5-21),可用于狭小空间,用于不同外径的铜管与铜管、铜管与钢管之间连接。

(12) 00型铜带阀门变径复合环(图5-22),用于不同外径的铜管与铜管、铜管与钢管之间连接。1/4 SAE针阀可以方便快捷的与其他接头连接。

图5-20　00型铝变径复合环　　图5-21　25型变径复合环　　图5-22　00型铜带阀门变径复合环

(13) 25型铜变径直角弯头复合环(图5-23),用于不同外径的铜管与铜管或铜管与钢管连接。

(14) T型变径复合环(图5-24),用于需要毛细管穿过回气管的连接,用于不同外径的铜管与铜管、铜管与钢管之间连接。

(15) 50型铜变径直角弯头复合环(图5-25),用于不同外径的铜管与铜管或铜管与钢管连接。

图5-23　25型铜变径直角弯头复合环　　图5-24　T型变径复合环　　图5-25　50型铜变径直角弯头复合环

(16) 工艺管堵头(图5-26),用于工艺管端部密封。

图5-26　工艺管堵头

 想一想 练一练

1. 洛克环操作的优点有哪些?

## 第二节　磁悬浮压缩机

### 学习目标

1. 了解磁悬浮空调的发展过程;
2. 掌握磁浮悬压缩机的原理及特点。

## 一、磁悬浮空调的前世今生

磁悬浮概念对多数人而言,基本上都停留在上海市区到浦东机场的磁悬浮列车上,只知道磁悬浮列车跑得快,但没有多少人知道磁悬浮与中央空调有什么瓜葛。跟踪中央空调产业近20年,根据作者掌握的资料,所谓磁悬浮中央空调,就是采用了磁悬浮压缩机的离心式、螺杆式中央空调。采用磁悬浮技术的中央空调,具有能耗低、振动小、噪声低等优势,是中央空调的高端技术之一,代表了这个行业未来的发展方向。

磁悬浮空调技术的历史可以用两个10年概括。

第一个10年:磁悬浮制冷压缩机从无到有。1992年,澳大利亚捷丰集团(Multistack)的一位技术人员开始进行无油磁悬浮离心式制冷压缩机的研究。1993年,捷丰集团公司成立了一个TURBOCOR R & D 部门,专门研究磁悬浮轴承应用于制冷压缩机。10年之后,这项研究终于获得了成功,磁悬浮轴承制冷压缩机能够应用到制冷和空调产品,还在2003年的第5届美国国际空调加热制冷博览会上获得了能源创新奖。

第二个10年:磁悬浮中央空调进入中国市场并有所发展。2003年后,磁悬浮技术开始了对中国市场探索的10年。尽管中国磁悬浮中央空调市场的容量较小,但置身其中的企业逐渐明确了发展方向。其中的代表是麦克维尔和海尔。2006年,中国第一台磁悬浮中央空调在海尔诞生。此后,在麦克维尔和海尔的共同推动之下,磁悬浮中央空调产品得以在中国市场迈开步伐。

进入2013年后,磁悬浮中央空调开始了第三个10年的发展历程。随着技术不断发展成熟和人们节能环保意识持续增强,作为"改变世界的机器",磁悬浮中央空调正在迎来最活跃的发展阶段。以过去20年的积累作为起点,这将是一个全新的开始。

## 二、磁悬浮压缩机的原理及特点

### (一)原理

在传统的制冷压缩机中,机械轴承是必需的部件,并且需要有润滑油以及润滑油循环系统来保证机械轴承的工作。实际上,在所有烧毁的压缩机中,90%是由于润滑的失效而引起的。而且润滑油随制冷循环而进入到热交换器中,在传热表面形成的油膜成为热阻,影响换热器的效率。并且过多的润滑油存在于系统中,对制冷效率带来很大的影响。

磁悬浮轴承是一种利用磁场,使转子悬浮起来,从而在旋转时不会产生机械接触,不会产生机械摩擦,不再需要机械轴承以及机械轴承所必需的润滑系统。在制冷压缩机中,使用磁悬浮轴承,所有因为润滑油而带来的烦恼就不再存在了。磁悬浮压缩机(图5-27)正是应用了磁悬浮轴承技术。

图 5-27 磁悬浮压缩机

## (二)特点

(1) 这种新型的压缩机是一种两级压缩机的离心式压缩机。在各种制冷压缩机中,离心式压缩机通常具有最理想的效率。新型的压缩机还结合了数字变频控制技术,压缩机的转速可以在 15 000~48 000 r/min 之间调节,使压缩机的制冷量最低可以工作在 20% 的负荷。数字控制技术使压缩机成为世界上第一种数字式压缩机,它甚至可以归类为电器产品。无摩擦和离心压缩方式使压缩机获得了高达 $COP=5.6$ 的满负荷效率,而变频控制技术则使压缩机获得了 $IPLV=0.41$ kW/t 极其优异的部分负荷效率。变频控制也使压缩机只要 6 A 的微弱电流就可以启动起来,而传统的相同制冷量的其他压缩机至少需要 500~600 A 的启动电流。

(2) 运行效率高 48%,在部分负荷工况下,压缩机比其他品牌同种型号的节能 48%。通过基于网络的监控和诊断系统,可实现对其现场或远程监控。

(3) 无须润滑油,维护费用比含油压缩机低 50%。无油化是在工业中经过几十年奋斗才得以实现。无油化设计不仅排除了由于油污染而减少效率的可能性,同时也消除了油管理配件——油热器、油泵、油分离器、油滤器等。

(4) 超轻的机身设计。一个 120 冷吨的压缩机约重 134 kg,相当于一些传统机器重量的 1/5。

(5) 超静的运营过程。运行时的声音小于 70 dB,在典型设备背景噪音下,根本听不出它在运行。

(6) 重新定义的软启动。压缩机重新定义了软启动,只需 2 A 的启动电流,而传统的压缩机需要 500~600 A。